**보일**이 들려주는 **기체** 이야기

보일이 들려주는 기체 이야기

ⓒ 정완상, 2010

초    판  1쇄 발행일 | 2005년 9월 29일
개정판  1쇄 발행일 | 2010년 9월 1일
개정판 15쇄 발행일 | 2021년 5월 28일

지은이 | 정완상
펴낸이 | 정은영
펴낸곳 | (주)자음과모음

출판등록 | 2001년 11월 28일 제2001-000259호
주      소 | 04047 서울시 마포구 양화로6길 49
전      화 | 편집부 (02)324-2347, 경영지원부 (02)325-6047
팩      스 | 편집부 (02)324-2348, 경영지원부 (02)2648-1311
e-mail   | jamoteen@jamobook.com

ISBN 978-89-544-2052-5 (44400)

보일이 들려주는

# 기체 이야기

| 정완상 지음 |

(주)자음과모음

# 보일을 꿈꾸는 청소년을 위한
## '기체' 이야기

　보일은 원소를 현대적으로 정의한 화학자입니다. 그는 기체의 압력과 부피 사이의 관계인 보일의 법칙으로도 유명하지요.

　이 책은 보일로부터 학생들이 기체에 대한 내용을 재미있게 배울 수 있도록 꾸며져 있습니다. 화학을 좋아하는 그리고 미래의 화학자가 되고 싶어 하는 청소년들에게 이 책을 추천하고 싶습니다.

　이 책에서는 기체에 대한 올바른 이론이 나오기까지 과거 그리스 과학자들의 물질론부터 보일의 원소설, 돌턴의 원자설, 아보가드로의 분자설 등을 다루고, 책의 후반부에서는 압력에 따라 기체의 부피가 달라지는 보일의 법칙과 온도에 따라 기체의 부피가 달라지는 샤를의 법칙을 자세히 다루고 있습니다. 즉, 기체에 관련된 모든 과학을 담고 있습니다.

부록 〈기체 박사 웰즈 아저씨〉는 재미있는 만화 영화를 보듯 기체에 대한 모든 내용을 복습할 수 있도록 만든 창작 동화입니다.

한국과학기술원(KAIST)에서 이론 물리학으로 박사 학위를 받은 저는 초등학생들을 위해 우선 쉽고 재미난 강의 형식을 도입했습니다. 저는 위대한 과학자 보일이 교실에 학생들을 앉혀 놓은 뒤 일상 속 실험을 통해 그 원리를 하나하나 설명해 가는 식으로 서술하여 과학의 이론을 초등학생들도 쉽게 이해할 수 있도록 이 책을 꾸몄습니다.

이 책이 나올 수 있도록 물심양면으로 도와준 (주)자음과모음 강병철 사장님과 직원 여러분에게 감사를 드립니다.

정 완 상

# 차례

# **원소**란 **무엇**일까요?

그리스의 과학자들이 생각한 물질을 이루는 기본 원소는 무엇이었을까요?
보일의 현대적 원소설에 대해 알아봅시다.

# 1

## 첫 번째 수업

# 원소란 무엇일까요?

# 하얀 실험복 가운을 걸친 보일이
# 첫 번째 수업을 시작했다.

물질은 고체, 액체, 기체의 세 가지 상태로 존재합니다. 고체는 단단한 성질을, 액체는 흐르는 성질을, 기체는 공기 중으로 퍼지는 성질을 띠고 있습니다.

예를 들어 물은 고체일 때는 얼음 상태로, 액체일 때는 물 상태로, 기체일 때는 수증기 상태로 존재합니다.

__아하! 얼음, 물, 수증기는 같은 물질이군요.

네, 맞아요. 그럼 물질은 무엇으로 이루어져 있을까요? 이것을 알기 위해서는 원소, 원자, 분자라는 용어에 대해 조금 정리해야 합니다.

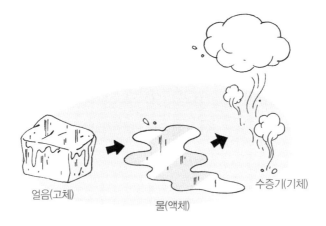

얼음(고체)　　물(액체)　　수증기(기체)

먼저 원소에 대한 얘기를 나눠 보겠습니다.

## 탈레스의 기본 원소

지금으로부터 약 2,500년 전 그리스 과학자들은 물질을 이루는 공통의 원소가 있다고 믿고 그것을 기본 원소라고 불렀어요. 최초로 기본 원소에 대해 생각한 과학자는 탈레스(Thales, B.C.624?~B.C.546?)예요. 그는 기본 원소가 물이라고 생각했지요. 탈레스는 물은 세상의 모든 생물에게 없어서는 안 될 귀중한 원소이고, 모든 생물이나 사물은 물로 이루어져 있다고 생각했지요.

탈레스는 물로 이루어진 모든 사물들이 다른 모양을 하는 것은 물이 3가지의 모습을 가지고 있기 때문이라고 생각했어요. 물은 추워지면 돌처럼 딱딱해지고, 평상시에는 냇물처럼 흐르는 성질이 있으며, 뜨거워지면 수증기가 되어 위로 올라가기 때문에 물질이 어떤 모양의 물로 이루어져 있는가에 따라 모양이 달라진다고 생각했지요. 그러니까 탈레스가 생각한 3종류의 물은 바로 물의 3가지 상태이지요.

## 아리스토텔레스의 4원소설

탈레스 이후에 아리스토텔레스(Aristoteles, B.C.384~B.C.322)

는 기본 원소가 4가지라고 주장했지요. 그는 물, 불, 공기, 흙을 물질을 이루는 4개의 기본 원소로 생각했습니다. 그는 4가지 기본 원소들이 합쳐지거나 분리됨으로써 여러 가지 물질이 만들어진다고 믿었지요. 즉 이들 원소는 사랑의 힘으로 결합되고, 투쟁의 힘으로 분리된다는 것이죠.

아리스토텔레스는 물질 속의 4가지 기본 원소의 비율이 달라지면 물질이 변한다고 생각했어요. 심지어 그는 사람이 병에 걸리는 것도 이런 기본 원소의 비율이 변했기 때문이라고 생각했지요. 예를 들어 사람의 뼈는 불, 물, 흙이 2:1:1의 비로 이루어져 있고, 피와 살은 불, 공기, 물, 흙이 1:1:1:1의 비로 이루어져 있어서 이 비율이 달라지면 병에 걸린다는 것이죠.

아리스토텔레스는 모든 사물의 성질을 2가지로 대비했습

니다. 차가운 성질과 뜨거운 성질, 습한 성질과 건조한 성질이 바로 그것이지요. 그는 4개의 기본 원소는 이 중 2개의 성질을 가지고 있다고 생각했어요. 예를 들어 물은 차갑고 습한 성질을, 불은 뜨겁고 건조한 성질을, 흙은 차갑고 건조한 성질을, 공기는 뜨겁고 습한 성질을 가지고 있지요. 아리스토텔레스는 물의 습한 성질이 건조한 성질로 변하면 흙의 성질을 띤 물이 되는데, 그것이 얼음이라고 생각했어요.

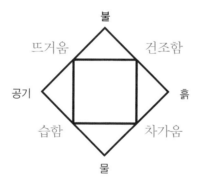

## 플라톤의 기하학적인 원소론

플라톤(Platon, B.C.427~B.C.347)은 4가지 기본 원소의 모양을 정다면체라고 생각했어요. 즉 불은 정사면체, 흙은 정

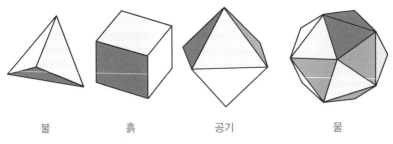

| 불 | 흙 | 공기 | 물 |

육면체, 공기는 정팔면체, 물은 정이십면체 모양이라고 생각
했어요. 또 불은 정사면체의 모양이므로 가장 작고 날카로워
잘 움직인다고 생각했어요. 물, 불, 공기는 모든 면이 삼각형
이지만 흙은 모든 면이 정사각형입니다. 그래서 플라톤은 흙
은 4개의 기본 원소 중 가장 안정적인 형태라고 생각했어요.

플라톤은 원소들이 바뀌는 과정 역시 기하학적으로 설명했
어요. 모든 면이 정삼각형으로 이루어져 있는 물은 역시 정
삼각형으로 이루어져 있는 공기나 불로 쉽게 변할 수 있지
만, 정사각형으로 이루어져 있는 흙으로는 변할 수 없고, 흙
은 다른 원소들로 쉽게 바뀌지 않는 가장 안정된 원소라고 생
각했어요.

지금까지 얘기한 그리스 과학자들의 기본 원소 이야기는 오늘날에 와서는 과학적 사실이 아니에요. 하지만 그들이 물질을 이루는 원소에 대해 처음으로 생각했다는 것은 과학 역사에서 중요한 역할을 했어요.

이제 내가 주장한 원소설에 대해 강의하겠어요.

보일은 투명한 유리 상자 안에 촛불을 켜 놓고 진공 펌프를 이용하여 공기를 조금 빼 주었다. 잠시 후 촛불이 약해지더니 이내 꺼져 버렸다.

촛불이 왜 꺼졌을까요? 그것은 공기에 초를 타게 하는 성분이 있기 때문이지요. 나는 이것을 원소라고 부르겠어요. 그러니까 공기 속에는 물질이 타도록 도와주는 원소가 있다는 것입니다.

보일은 공기를 채운 유리 상자에 시계를 넣었다.

시계가 째깍거리죠? 이것은 공기 속에 시계 소리를 잘 전달하는 원소들이 있기 때문입니다.

보일은 진공 펌프로 공기를 뽑아 유리 상자 안을 진공 상태로 만들었다.

시계 소리가 안 들리지요? 그것은 소리를 전달할 원소들이 없기 때문이지요. 이렇게 공기는 어떤 성질을 가진 원소들로 이루어져 있어요. 그래서 공기가 기본 원소라고 생각한 그리스 과학자들의 주장은 옳지 않아요.

나는 원소를 다음과 같이 정의하겠어요.

원소는 더 이상 분해되지 않으며 물질을 이루는 기본 성분이다.

이상해. 얼음과 수증기가 모두 물과 같은 물질로 이루어져 있다면, 물은 무엇으로 이루어져 있을까?

하하, 철수 군이 오랜만에 고민다운 고민을 하고 있군요. 고체, 액체, 기체의 3가지 상태로 존재할 수 있는 물질은 무엇으로 이루어져 있을까요?

그걸 설명하려면 우선 원소, 원자, 분자라는 용어에 대해서 알아야 합니다. 먼저 원소가 무엇인지 알아볼까요?

원소, 원자, 분자

물질

네~!

이 유리관 안에 있는 공기를 빼면 촛불은 어떻게 될까요?

촛불이 꺼지지 않을까요?

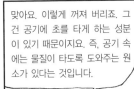

맞아요. 이렇게 꺼져 버리죠. 그건 공기에 초를 타게 하는 성분이 있기 때문이지요. 즉, 공기 속에는 물질이 타도록 도와주는 원소가 있다는 것입니다.

아, 원소요?

이렇게 진공 상태로 만든 상자 안에서는 시계 소리가 안 들리는데, 그것은 왜일까요?

소리를 전달할 원소들이 없기 때문 아닐까요?

그렇습니다. 이렇게 공기는 어떤 성질을 가진 원소들로 이루어져 있어요. 원소란 더 이상 분해되지 않는 물질을 이루는 기본 성분입니다.

원소 = 더 이상 분해되지 않으며 물질을 이루는 기본 성분

그렇군요.

# 원자란 무엇일까요?

물질을 이루는 가장 작은 알갱이는 무엇일까요?
돌턴의 원자설에 대해 알아봅시다.

**2**

두 번째 수업

# 원자란 무엇일까요?

교. 중등 과학 3      3. 물질의 구성

과.

연.

계.

보일이 안경을 낀
어떤 학자와 함께 등장하여
두 번째 수업을 시작했다.

오늘은 '돌턴의 원자설'로 유명한 영국의 화학자, 돌턴 선생님과 함께 원자에 대하여 수업을 진행하겠어요. 돌턴 선생님께서 직접 실험도 함께 해 주실 예정이니 많이 기대해 주세요.

보일의 말에 학생들은 기대에 찬 표정으로 두 선생님을 번갈아 바라보았다. 곧 보일이 본격적인 수업을 시작했다.

## 일정 성분비의 법칙

1799년 프랑스의 프루스트(Joseph Proust, 1754~1826)는 천연적으로 존재하는 염기성 탄산구리와 실험실에서 만든 염기성 탄산구리를 분석하였을 때, 두 화합물에서 성분 물질들의 조성비가 같다는 사실을 발견했습니다. 이것을 일정 성분비의 법칙이라고 부르지요.

일정 성분비의 법칙
한 화합물을 구성하는 성분 물질의 구성비는 일정하다.

두 물질이 반응하여 한 화합물을 만들 때에는 언제나 일정한 비율로 결합하지요. 예를 들어, 수소와 산소가 결합하여 물을 만들 때 수소와 산소의 조성비는 1:8이 된다는 것이 일정 성분비의 법칙입니다. 다시 말하면 수소 1g과 산소 8g은

물 9g을 만들지만, 수소 2g과 산소 8g이 만나면 수소 1g은 반응에 참여하지 않아 물 9g이 만들어지고 수소 1g이 남게 됩니다. 이렇게 반응 물질들이 어떤 양으로 섞여 있더라도 이들은 언제나 일정한 비율로 결합하여, 반응 결과 생성된 물질의 조성비는 달라지지 않는답니다.

## 베르톨레의 공격

하지만 19세기 전까지만 하더라도 많은 화학자들은 화합물을 구성하는 성분의 질량비가 일정하지 않다고 보았습니다. 그중 프랑스의 베르톨레(Claude Berthollet, 1748~1822)는 프루스트에 대항하여 화합물을 만드는 방법에 따라 그 조성이 여러 가지로 달라지며 아주 특별한 때에만 일정 성분비의 법칙이 성립한다고 보아, 하나의 화합물에서 물질의 조성비는 일정하지 않다고 맞섰습니다.

베르톨레는 철의 산화물들을 분석하여 그 조성비가 일정하지 않다고 주장했지요. 그는 어떤 철의 산화물에서는 철과 산소의 조성비가 56 : 16이고 또 다른 철의 산화물에서는 철과 산소의 조성비가 56 : 24라는 실험 결과를 내세워 프루스

트가 옳지 않다고 반박했답니다.

　하지만 이것은 철의 산화물에는 2종류가 있다는 것을 몰랐던 베르톨레의 결정적인 실수였지요. 철과 산소의 조성비가 $56:16$인 산화철은 산화제일철($FeO$)이고, 조성비가 $56:24$인 산화철은 산화제이철($Fe_2O_3$)이었던 것입니다. 결국 산화제일철과 산화제이철은 서로 다른 화합물이므로 그 조성비가 같을 수가 없는 거죠.

　프루스트와 베르톨레의 논쟁은 8년 동안 계속되었고, 결국 프루스트가 승리를 거두게 됩니다. 프루스트와 베르톨레의 승패에 결정적인 역할을 한 것은 두 원소가 서로 다른 조성비로 결합하게 되면 서로 다른 화합물을 만든다는 점입니다. 예를 들면, 탄소와 산소의 화합물에도 일산화탄소($CO$)와 이산화탄소($CO_2$)가 있지요.

두 화합물에서 탄소와 산소의 조성비는 다릅니다.

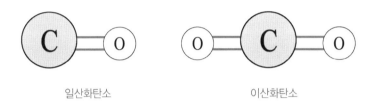

일산화탄소                    이산화탄소

일산화탄소 ▶ 탄소 : 산소 = 12 : 16

이산화탄소 ▶ 탄소 : 산소 = 12 : 32

이는 탄소 12g과 산소 16g이 반응하면 일산화탄소 28g이 되고, 탄소 12g과 산소 32g이 반응하면 이산화탄소 44g이 된다는 것을 의미합니다.

여기 계시는 돌턴 선생님은 이처럼 일산화탄소와 이산화탄소에서 같은 양의 탄소와 반응하는 산소의 질량비를 조사했지요. 지금부터는 돌턴 선생님이 직접 강의해 주실 거니까 집중해서 잘 들어 보세요.

보일의 소개에 따라 돌턴이 온화하지만 진지한 표정으로 이야기를 시작했다.

일산화탄소에서는 탄소 1g과 반응하는 산소의 양을 □g이라고 하면, 일산화탄소의 조성비는 12 : 16이므로 다음과 같은 비례식이 성립하지요.

12 : 16 = 1 : □

이 식에서 □를 구하면 □ = $\frac{16}{12}$ 이 되므로 일산화탄소에서 탄소 1g과 반응하는 산소의 양은 $\frac{16}{12}$g이 됩니다.

이번에는 이산화탄소의 경우를 보죠. 이산화탄소에서는 탄소 1g과 반응하는 산소의 양을 □g이라고 하면 이산화탄소의 조성비는 12 : 32이므로 다음과 같은 비례식이 성립하지요.

12 : 32 = 1 : □

이 식에서 □를 구하면 □ = $\frac{32}{12}$ 이 되므로 이산화탄소에서 탄소 1g과 반응하는 산소의 양은 $\frac{32}{12}$g이 됩니다.

따라서 두 화합물에서 탄소 1g과 반응하는 산소의 질량비는 $\frac{16}{12} : \frac{32}{12} = 1 : 2$가 되어 간단한 정수비가 나타납니다.

나는 2종류 이상의 화합물을 만드는 다른 경우에 대해서도 이와 같은 간단한 정수비가 나온다는 것을 알아냈습니다. 이것을 배수 비례의 법칙이라고 부르지요.

배수 비례의 법칙

2종류의 원소가 화합하여 2가지 이상의 화합물을 만들 때, 한 원소의 일정량과 결합하는 다른 원소의 질량비는 항상 간단한 정수비가 성립한다.

## 모든 물질은 원자로 이루어져 있다

왜 배수 비례의 법칙이 성립할까요? 그것은 산소나 탄소가 더 이상 쪼개지지 않는 가장 작은 알갱이들로 이루어져 있기 때문이지요. 이렇게 물질을 이루는 가장 작은 알갱이를 원자라고 부릅니다.

나는 화합물을 만드는 각 원소의 원자의 수가 항상 일정하고 같은 원소의 원자는 모두 같은 질량을 가지고 있기 때문에 일정 성분비의 법칙이나 배수 비례의 법칙이 성립한다고 생각했답니다. 왜 그런지 간단한 비유를 통해 살펴봅시다.

돌턴은 주머니 속에 여러 개의 검은 바둑알과 흰 바둑알을 마구 섞어 넣었다. 그러고는 지혜에게 한 움큼을 꺼내게 했다. 지혜는 검은 바둑알 3개, 흰 바둑알 2개를 뽑았다. 돌턴은 바둑알들을 접착제로 붙였다.

이제 검은 바둑알들은 검은 바둑알 원소, 흰 바둑알은 흰 바둑알 원소라고 합시다. 그렇다면 지금 접착제로 붙인 물질은 검은 바둑알 원소와 흰 바둑알 원소로 이루어진 화합물이 되는 것입니다.

돌턴은 은설이에게 다시 한 움큼을 꺼내게 했다. 은설이는 검은 바둑알 2개, 흰 바둑알 1개를 뽑았다. 돌턴은 바둑알들을 접착제로 붙였다.

이번에는 검은 바둑알 2개와 흰 바둑알 1개로 이루어진 또 다른 화합물을 얻었군요.

이제 두 화합물에서 검은 바둑알과 흰 바둑알의 개수의 비를 조사합시다.

지혜의 화합물 ▶ 검은 바둑알 : 흰 바둑알 = 3 : 2
은설의 화합물 ▶ 검은 바둑알 : 흰 바둑알 = 2 : 1

두 화합물에서 한 개의 검은 바둑알과 결합한 흰 바둑알의 개수의 비는 $\frac{2}{3} : \frac{1}{2}$이 되죠? 비례식에 같은 수를 곱해도 비의 값이 같아지므로 이 비는 4 : 3이 되어 간단한 정수의 비를 이루게 됩니다. 바로 이것이 배수 비례의 법칙이지요.

이렇게 정수의 비가 나오는 것은 주머니 속에 같은 종류의 바둑알들이 들어 있었기 때문이죠. 즉 검은 바둑알 1개는 검은 원소를 이루는 가장 작은 알갱이인 검은 바둑알 원자를 나타내고, 마찬가지로 흰 바둑알 1개는 흰 바둑알 원자를 나타냅니다. 이렇게 모든 원소들이 원자라는 작은 알갱이로 이루어져 있지요. 이러한 내용을 가지고 나는 내 이름을 넣어서 돌턴의 원자설로 체계화시켰어요.

돌턴의 원자설

1. 물질은 더 이상 쪼갤 수 없는 가장 작은 알갱이인 원자로 이루어져 있다.

2. 원자의 종류는 원소에 따라 정해지며, 같은 원소의 원자는 질량과 성질이 서로 같고, 다른 종류의 원자는 질량과 성질이 서로 다르다.

3. 화학 변화가 일어날 때 원자는 새로 생성되거나 소멸되지 않는다.

4. 화학 변화는 원자들이 서로 결합하거나 분해하는 변화이므로 화학 변화의 기본 단위는 원자이다.

5. 화합물이 생길 때에는 각 원소의 원자 사이에 간단한 정수비로 결합한다.

돌턴의 원자설에 따르면 원자들마다 그 크기와 질량이 다릅니다. 즉 가벼운 원자도 있고 무거운 원자도 있지요. 나는 이것을 이용하여 용해도를 설명했답니다.

용해도란 물질이 물에 녹는 정도를 나타내는 용어로, 물 100g에 최대로 녹을 수 있는 물질의 양을 말합니다. 예를 들면, 용해도가 36인 소금은 물 100g에 소금이 최대 36g까지 녹을 수 있다는 것이지요.

그럼 왜 어떤 물질은 물에 더 많이 녹을 수 있고 어떤 물질은 적게 녹을까요? 나는 원자들의 크기가 다르기 때문이라고 생각했지요.

돌턴은 축구공이 가득 들어 있는 상자를 가지고 왔다. 그러고는 지혜에게 농구공을 더 넣어 보라고 했다. 하지만 지혜는 농구공을 넣을 수 없었다.

농구공이 들어갈 틈이 없군요.

돌턴은 은설이에게 골프공을 넣어 보라고 했다.

  골프공은 많이 들어가는군요. 축구공을 물을 이루는 원자라고 생각해 보세요. 그럼 골프공처럼 작은 원자들은 물속에 많이 들어갈 수 있지요? 그래서 나는 원자가 작을수록 물속에 많이 녹을 수 있다고 생각한 거예요.

  돌턴이 이야기를 마치자 다시 보일이 나와 이야기를 했다.

  자, 지금까지 돌턴 선생님의 원자 이야기를 잘 들었나요? 우리의 주제가 기체인데 왜 원자 이야기를 했냐고요? 돌턴 선생님은, 기체는 모두 원자들로 이루어졌다고 생각했기 때문이지요. 예를 들어 수소 기체는 수소 원자들로, 산소 기체는 산소 원자들로, 그리고 수증기는 산소 원자와 수소 원자로 이루어져 있다고 생각했지요. 하지만 기체들이 원자로서 반응할 것이라는 생각은 문제점이 있었어요. 그 이야기는 다음 수업 시간에 하기로 하지요.

선생님, 원소가 더 이상 분해되지 않으며 물질을 이루는 기본 성분이라고 말씀하셨는데, 그럼 원자나 분자는 뭔가요?

안 그래도 원자에 대해 설명하려던 참이었어요.

원자? 분자?

돌턴이라는 과학자는 기체가 모두 원자들로 이루어졌다고 생각했습니다. 그럼 돌턴이 주장한 원자란 어떤 것이었을까요? 돌턴의 원자설은 바로 이런 것이었답니다.

돌턴의 원자설

돌턴의 원자설
1. 물질은 더 이상 쪼갤 수 없는 가장 작은 알갱이인 원자로 이루어져 있다.
2. 같은 원소의 원자는 질량과 성질이 서로 같고, 다른 종류의 원자는 질량과 성질이 서로 다르다.
3. 화학 변화가 일어날 때 원자는 새로 생성되거나 소멸되지 않는다.
4. 화합물이 생길 때에는 각 원소의 원자 사이에 간단한 정수비로 결합한다.

돌턴은 이 원자설로 용해도를 설명했는데, 가령 축구공이 가득 담긴 상자에 농구공은 들어 갈 수 없지만 골프공은 많이 들어가겠죠? 이처럼 원자가 작을수록 물속에 많이 녹을 수 있다고 생각한 것이지요.

그래서 어떤 물질은 물에 더 많이 녹을 수 있고 어떤 물질은 적게 녹는다고 주장했죠. 하지만 기체들이 원자로서 반응할 것이라는 돌턴의 생각엔 문제점이 있었어요.

문제점이요?

그 이야긴 간식을 먹으면서 해 보면 어떨까요?

좋아요! 좋아요!

# 분자 이야기

기체들은 어떤 규칙으로 화학 반응을 할까요?
아보가드로의 분자설에 대해 알아봅시다.

# 3

세 번째 수업

분자 이야기

보일이 지난 시간에
공부한 내용을 칠판에 적으면서
세 번째 수업을 시작했다.

돌턴은 모든 기체들은 원자로 이루어져 있다고 생각하고 기체들의 반응은 기체 원자들의 결합이라고 생각했습니다.

1808년 프랑스의 과학자 게이뤼삭(Joseph Gay-Lussac, 1778~1850)은 돌턴의 원자설로는 설명할 수 없는 법칙을 발견했습니다. 기체끼리 반응하여 다른 기체가 생길 때라든지 어떤 물질이 두 가지 이상의 기체로 분해될 때에는, 각각의 부피 사이에 정수비가 성립한다는 것입니다. 나중에 이를 기체 반응의 법칙이라고 불렀지요. 예를 들어, 수소와 산소가 반응하여 수증기를 만들 때 이들 기체들의 부피의 비는 2 : 1 : 2가 됩니다.

이것을 왜 원자로는 설명할 수가 없을까요? 반응 전, 수소와 산소의 부피의 비는 2 : 1입니다. 이제 ●를 수소 원자로, ○를 산소 원자로 생각해 봅시다. 수증기는 산소와 수소로 이루어진 화합물이므로 돌턴의 주장대로라면 ● ○라고 표시해야 할 것입니다. 따라서 이 반응은 다음과 같이 나타낼 수 있어요.

$$●● + ○ → ● ○ ● ○$$

이 반응을 보면 반응 전 수소 원자가 2개, 산소 원자가 1개였던 것이 반응 후에는 수소 원자 2개, 산소 원자 2개로 늘어났어요. 따라서 이것은 성립되지 않습니다.

## 분자의 등장

돌턴의 원자설에 드러난 문제점을 해결한 사람은 이탈리아의 과학자 아보가드로(Amedeo Avogadro, 1776~1856)였습니다. 1811년 그는 화학 반응은 원자들이 아닌 여러 개의 원자가 모인 분자가 주인공이어야 한다고 주장했지요. 예를 들어, 수소 분자는 수소 원자 2개로 이루어져 있다는 것입니다. 또한 기체의 부피는 원자의 부피가 아니라 분자의 부피라고 생각했어요.

이제 아보가드로의 분자를 이용하여 기체 반응의 법칙을 설명해 봅시다. 수소 분자 두 부피와 산소 분자 한 부피가 화학 반응하는 것을 분자로 나타내면 다음과 같습니다.

●● ●● + ○○

반응 전의 수소 원자 수는 4개, 산소 원자 수는 2개입니다. 이제 수증기 분자가 수소 원자 2개와 산소 원자 1개로 이루어져 있다고 하면 다음과 같은 반응식을 쓸 수 있어요.

●● ●● + ○○ → ●○● ●○●

이 반응식은 반응 전후 원자들의 수가 달라지지 않았으므로 돌턴의 원자설에 위배되지 않으면서, 또한 기체들의 부피비가 2 : 1 : 2가 되므로 기체 반응의 법칙도 성립해요. 그러므로 기체들의 반응의 주인공은 원자가 아니라 원자들이 모여 만들어진 분자라는 것을 알 수 있습니다.

## 분자의 크기는 어느 정도일까요?

분자의 크기는 종류에 따라 달라요. 예를 들어 물 분자의 크기를 생각해 봅시다. 보통 빗방울의 반지름은 약 1mm입니다. 이 빗방울 하나에는 엄청나게 많은 물 분자들이 들어 있는데, 반지름이 1mm인 빗방울 속의 물 분자들을  일렬로 늘어놓으면 둘레가 4만 km인 지구를 160바퀴나 돌 수 있는 거리가 됩니다. 이렇게 분자의 크기는 매우 작아요.

하지만 분자 중에는 단백질, DNA 분자들처럼 물 분자보다 훨씬 큰 분자들도 있습니다.

자, 그럼 간식도 먹었고 기체들이 원자로서 반응할 것이라는 돌턴의 생각엔 어떤 문제점이 있었는지 얘기해 볼까요?

윽, 아직 소화도 안 됐는데 너무 어려운 얘기는 하지 말아 주세요.

하하, 알았어요. 프랑스의 과학자 게이뤼삭은 돌턴의 원자설로는 설명할 수 없는 법칙을 발견했지요. 즉 기체 물질끼리 반응할 때에는 각각의 부피 사이에 정수비가 성립한다는 것이었죠.

선생님~, 어려운 얘기는 안 하신다고 하셨잖아요. 무슨 얘긴지….

그럼 예를 들어 보죠. 수소와 산소가 반응하여 수증기를 만들 때 반응 전 수소 원자가 2개, 산소 원자가 1개이던 것이 반응 후에는 수소 원자 2개, 산소 원자 2개로 늘어났습니다. 따라서 이것은 돌턴의 원자설에 위배되는 것이죠.

●수소, ○산소

●● + ○ → ●● ○ ●

이런 문제점을 해결한 사람은 이탈리아의 과학자 아보가드로였습니다. 그는 화학 반응은 분자가 주인공이어야 한다고 주장했지요. 예를 들어, 수소 분자는 수소 원자 2개로 이루어져 있고, 산소 분자는 산소 원자 2개로 이루어져 있다면, 다음 그림과 같이 화학 반응한다는 것이죠.

●● ●● + ○○

그러니까 이 화학 반응은 반응 전의 수소 원자 4개, 산소 원자 2개가 되네요. 그리고 수증기 분자가 수소 원자 2개와 산소 원자 1개로 이루어져 있다면, 다음과 같은 반응식이 되겠군요.

●● ●● + ○○

→ ●○● ●○●

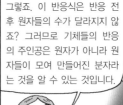

그렇죠. 이 반응식은 반응 전후 원자들의 수가 달라지지 않죠? 그러므로 기체들의 반응의 주인공은 원자가 아니라 원자들이 모여 만들어진 분자라는 것을 알 수 있는 것입니다.

아, 그게 바로 분자였군요.

# 4

# 공기를 이루는 기체

공기는 눈에 안 보이는 기체들로 이루어져 있습니다.
공기의 조성에 대해 알아봅시다.

# 4

네 번째 수업

## 공기를 이루는 기체

보일이 여러 물체가
담긴 실험 상자를 들고 와서
네 번째 수업을 시작했다.

　흔히 공기를 산소라고 생각하는 사람들이 있습니다. 하지
만 엄밀하게 말하면 공기는 산소뿐 아니라 여러 가지 종류의
기체로 이루어져 있습니다. 오늘은 공기를 구성하는 기체들
은 무엇인지 알아보겠습니다.

　공기는 왜 눈에 안 보일까요? 그것은 바로 공기를 이룬 기
체들이 모두 눈에 보이지 않기 때문입니다.

　보일은 종이 한 장을 수직으로 걸어 놓고 부채로 바람을 일으켰다.
그러자 종이가 펄럭거렸다.

　　종이는 왜 움직였지요? 이번에는 또 다른 실험을 해 보겠
습니다.

　　보일은 당구공 하나를 바닥에 놓고 다른 당구공을 던졌다. 정지해
있던 당구공은 앞으로 굴러갔다.

　　당구공은 왜 움직였지요? 그건 다른 당구공이 밀어 주었기

때문입니다. 마찬가지로 종이가 펄럭거린 것은 눈에 보이지는 않지만 공기 분자들이 종이를 밀었기 때문입니다. 공기의 움직임을 우리는 바람이라고 부르지요.

우리는 이렇게 눈에 보이지는 않지만 공기의 존재를 느낄 수 있습니다.

이제 눈에 보이지 않는 공기를 이루는 기체들의 조성 성분을 알아보겠습니다.

공기는 기체들의 혼합물입니다. 주성분은 질소와 산소이고 소량의 이산화탄소, 아르곤 등을 포함하고 있습니다. 그러나 때와 장소에 따라 수증기, 아황산가스, 일산화탄소, 암모니아, 탄화수소 등의 기체 또는 먼지, 꽃가루, 미생물, 염화물 등의 무기물, 타르 성분 등을 포함하기도 합니다.

순수한 공기의 성분비를 보면 질소와 산소가 약 99%를 차지합니다. 즉, 공기의 주성분은 부피로 볼 때 질소가 78.1%, 산소가 21.0%이며, 여기에 아르곤이 약 1%, 이산화탄소가 0.03%를 차지하고 있습니다. 그 외에도 공기는 다른 성분을 포함하지만 이들 4가지 성분을 제외하면 나머지는 아주 적은 양이지요. 적은 양의 성분으로는 네온, 헬륨, 메탄, 크립톤, 수소, 일산화질소, 일산화탄소, 오존 등이 있습니다.

## 산소 이야기

산소는 우리가 숨을 쉬는 데 반드시 필요한 기체입니다. 산소는 1774년 프리스틀리(Joseph Priestley, 1733~1804)가 발견한 것으로 알려져 있습니다. 프리스틀리는 지름이 12cm인 렌즈로 햇빛을 모아 산화수은을 아주 높은 온도로 가열했어요. 프리스틀리의 이 실험은 밀폐된 상자 속에서 이루어졌는데, 이 반응에서 나온 기체가 바로 산소입니다.

자, 이제 산소가 어떤 기체인지를 알아보죠.

보일은 산소가 담겨 있는 유리 상자를 가지고 외서 위쪽에 난 조그만

구멍을 열고 꺼져 가는 성냥을 넣었다. 그러자 불꽃이 크게 타올랐다.

물질이 탄다는 것은 산소와 화합하는 것이죠. 즉, 산소는

**과학자의 비밀노트**

**연소**

물질이 빛이나 열을 내면서 빠르게 산소와 화학 결합하는 빠른 산화 반응이다. 어떤 물질이 연소하기 위해서는 3가지 요소가 필요하다. 첫 번째 요소는 연료(타는 물질)이다. 두 번째 요소는 발화점 이상의 온도이다. 발화점이란 불꽃이 직접 닿지 않고 열에 의해 스스로 불이 붙는 온도를 말한다. 마지막으로 일정량 이상의 산소가 있어야 한다. 이 세 가지의 조건 중 어느 하나라도 충족되지 못하면 연소는 일어나지 않는다.

물질이 타는 것을 도와주는 기체입니다. 그러므로 산소가 없다면 어떤 물질도 탈 수 없습니다.

프리스틀리는 산소가 들어 있는 유리 상자 속에 쥐를 집어넣어 보았습니다. 그러자 쥐는 보통의 공기 속에서보다 더 활발하게 움직였습니다. 밀폐된 유리 상자 안에 보통의 공기가 들어 있다면 쥐가 15분 정도 숨을 쉴 수 있는 데 비해, 산소가 들어 있는 유리 상자 안의 쥐는 45분 동안 숨을 쉴 수 있었지요. 프리스틀리는 산소가 굉장히 좋은 플로지스톤이라고 생각하고, 산소를 직접 마셔 보고 가슴이 상쾌해지는 기분을 느낄 수 있었다고 합니다.

사실 산소를 처음 발견한 사람은 스웨덴의 셸레(Karl Scheele, 1742~1786)입니다. 그는 평생을 보잘것없는 약제사 조수로 일하면서 약을 만들기 위해 하루종일 화학 물질들을 섞어야 했지요. 그는 틈틈이 화학 연구를 해서 염소, 바륨, 망간, 질소 등을 발견하기도 했습니다.

1771년 셸레는 산화수은을 가열하여 산소를 발견하고 이 내용을 담은 책을 출판하려고 했어요. 하지만 스웨덴의 유명한 과학자인 베리만(Torbern Bergman, 1735~1784)이 책의 머리말을 1777년까지 써 주지 않아 1777년이 되어서야 비로소 셸레의 산소 발견 실험이 세상에 알려지게 되었지요. 하지만 그때는 이미 프리스틀리가 산소를 발견한 것으로 알려져 있었지요. 그래서 셸레는 산소의 최초 발견자 자리를 프리스틀리에게 내주어야만 했습니다.

**과학자의 비밀노트**

**플로지스톤**

17세기 말에서 18세기 초 연소설을 설명하기 위해 독일의 베허(Johann Becher, 1635~1682)와 슈탈(Georg Stahl, 1660~1734) 등이 제안한 물질로서 가연성(불에 타는 성질)이 있는 물질이나 금속에 플로지스톤이라는 성분이 포함되었다고 주장하였다. 즉, 오래전에는 물질이 재와 플로지스톤으로 되어 있다고 믿었다. 그래서 물질을 태우면 플로지스톤이 빠져나가서 재만 남게 되고, 물질의 무게는 감소한다고 믿었다. 이 플로지스톤은 라부아지에의 연소 실험으로 증명될 때까지 수많은 과학자들이 믿고 따랐다. 특히 프리스틀리는 플로지스톤설의 대표적인 신봉자였다.

이번에는 공기 속에 가장 많이 들어 있는 질소에 대한 이야기를 하겠어요. 질소는 영국의 화학자 러더퍼드(Daniel Rut-herford, 1749 ~1819)가 발견했지요. 러더퍼드는 공기 중에서 산소를 제외한 부분에 대해 궁금해했습니다.

1772년 러더퍼드는 공기가 든 상자 속에서 더 이상 숨을 쉴 수 없을 때까지 쥐를 가두었습니다. 그는 죽은 쥐를 상자에서 꺼냈습니다. 이제 상자 안의 공기에는 산소가 모두 사라진 셈이지요. 이때 남은 기체가 바로 질소입니다.

그럼 이제 실험을 통해 질소가 다른 기체와 어떻게 다른지 알아보죠.

보일은 질소가 들어 있는 유리 상자를 가지고 왔다. 그러고는 위로

난 작은 구멍을 열고 활활 타는 성냥개비를 넣었다. 성냥개비는 상자 안으로 들어가자마자 '픽' 하며 바로 꺼졌다.

이것이 바로 질소 기체의 성질입니다. 질소만으로 이루어진 곳에서는 물질이 더 이상 탈 수 없습니다.

밀폐된 방에는 제한된 양의 공기가 있습니다. 그러므로 제한된 양의 산소가 있지요. 이런 곳에서 물질을 태우면 물질과 산소가 화합하므로 산소의 양이 점점 줄어들게 됩니다. 물론 유리창이 있는 방이라면 유리창을 통해 외부의 공기가 들어와 충분한 산소를 다시 공급할 수 있겠지요. 하지만 유리창이 없는 지하 방에서 문을 닫아 놓고 물질을 태우면 산소의 양이 점점 줄어 사람이 숨을 쉴 수 없게 되고 생명이 위험할 수 있습니다.

보통 화재 현장에서 많은 사람들이 죽는 것은 물질들이 타면서 제한된 양의 산소를 빼앗아 가기 때문입니다. 그래서 지하철 화재에서 탈출한 사람들에게는 산소 공급이라는 응급 조치를 해 주게 됩니다.

## 이산화탄소 이야기

　　이번에는 탄소와 산소의 화합물인 이산화탄소에 대한 이야기를 하겠습니다. 이산화탄소는 1756년 블랙(Joseph Black, 1728~1799)에 의해 발견되었어요. 그는 염기성 탄산마그네슘을 강하게 가열하였더니 질량의 $\frac{7}{12}$이 감소했다는 사실을 알아냈지요. 그는 손실된 질량만큼 공기로 빠져나갔다고 믿

었는데, 이 기체가 바로 이산화탄소입니다.

　이산화탄소에 대한 연구를 더 많이 한 과학자는 프리스틀리입니다. 1767년 프리스틀리는 리즈에 있는 밀힐 교회의 목사였는데, 교회 주위에 양조장이 있어 발효 과정에서 이산화탄소가 많이 발생했습니다. 그는 이 기체를 모아 그 성질을 알아보기 위해 기체 속에 생쥐를 넣자 생쥐가 바로 죽었고, 이 기체 속에서는 불이 꺼진다는 것을 알아냈습니다.

　하지만 이 기체가 식물에게는 없어서는 안 될 기체라는 것도 알아냈습니다. 즉 식물은 이 기체 속에서 오히려 더 잘 자란다는 것을 알아낸 것이지요.

　프리스틀리는 또한 콜라와 사이다와 같은 탄산음료를 처음 발명한 사람입니다. 탄산음료는 이산화탄소가 물에 녹아 있는 음료이지요. 이렇게 물에 다른 물질이 녹아 있는 것을 용해라고 합니다. 예를 들면, 설탕물은 물에 설탕이 용해되어

있는 것입니다. 하지만 이산화탄소와 같은 기체는 설탕 같은 고체보다 물에 녹이기가 어렵습니다. 그러므로 외부에서 높은 압력으로 이산화탄소를 억지로 물속에 녹아 있게 하는 거지요.

사실 콜라와 사이다 같은 탄산음료는 이산화탄소만 녹아 있는 것이 아닙니다. 이산화탄소 이외에도 다른 물질을 넣어 만든 음료수입니다.

그러므로 콜라나 사이다 병 속에는 공기의 압력이 높지요. 그 압력 때문에 녹아 있는 이산화탄소가 뚜껑을 열면 대기로 날아가 압력이 낮아지고, 이산화탄소가 대기로 빠져나가면서 병 속의 다른 성분도 밀어내지요. 그래서 콜라나 사이다는 음료의 알갱이가 위로 튀어나오는 성질이 있답니다.

이산화탄소는 화산 지역에 많이 발생합니다. 이산화탄소가 공기 중에 25%를 넘으면 사람들이 죽게 됩니다. 이런 이유로

화산 지역의 동굴에서 잠을 자던 사람들은 죽기도 합니다.

1986년 카메룬의 니오스 호수에서 화산 폭발로 600만 톤의 이산화탄소가 한꺼번에 나와 주위 마을을 덮쳐 주민 1,700명이 목숨을 잃기도 했지요.

## 일산화탄소 이야기

탄소와 산소의 화합물에는 이산화탄소만 있는 것은 아닙니다. 이산화탄소는 탄소 원자 1개와 산소 원자 2개로 이루어진 화합물이지요. 이와는 달리 탄소 원자 1개와 산소 원자 1개로 이루어진 화합물이 있는데, 이것을 일산화탄소라고 부릅니다.

일산화탄소는 아주 적은 양만 마셔도 바로 목숨을 잃는 무서운 기체입니다. 일산화탄소가 폐로 들어가면 피 속의 헤모글로빈과 결합하여 헤모글로빈의 활동을 방해하지요. 헤모글로빈은 온몸의 세포에 산소를 공급하는 역할을 하는데, 일산화탄소와 결합한 헤모글로빈이 그 역할을 하지 못하므로 몸에 산소 공급이 중단되어 목숨을 잃게 되지요.

일산화탄소는 산소의 양이 충분하지 않을 때 물질을 태우

면 발생하기 쉽습니다. 이런 연소를 불완전 연소라고 부릅니다. 물질이 충분한 산소의 공급으로 완전 연소를 하면 이산화탄소가 발생하지만, 불완전 연소가 되면 무시무시한 일산화탄소가 발생한답니다.

**과학자의 비밀노트**

**완전 연소**
산소를 충분히 공급하고 적정한 온도를 유지시켜 반응 물질이 더 이상 산화되지 않는 물질로 변화하도록 하는 연소이다.

**불완전 연소**
물질이 연소할 때 산소의 공급이 충분하지 못하거나 온도가 낮으면 그을음이나 일산화탄소가 생성되면서 연료가 완전히 연소되지 못하는 현상이다. 자동차 배기가스의 그을음이나 일산화탄소, 탄화수소 배출의 원인도 불완전 연소 때문이다.

선생님, 공기는 이렇게 부채질을 하면 느낄 수 있는데 왜 눈에 보이질 않는 걸까요?

그것은 공기를 이룬 기체들이 눈에 보이지 않기 때문이랍니다. 그렇다면 공기는 어떤 기체들로 이루어져 있는지 궁금하지 않나요?

공기는 기체들의 혼합물입니다. 주성분은 질소와 산소이고 소량의 이산화탄소, 아르곤 등을 포함하고 있죠. 그러나 때와 장소에 따라 수증기, 아황산가스, 일산화탄소, 암모니아, 탄화수소 등의 기체 또는 먼지, 꽃가루, 미생물, 염화물 등의 무기물, 타르 성분 등을 포함하기도 한답니다.

우아~, 그렇게 많이 들어 있어요?

네. 그중 산소는 숨을 쉬는 데 반드시 필요하며 물질이 타는 것을 도와주는 기체이지요. 산소가 없다면 어떤 물질도 탈 수 없습니다.

그럼 질소만으로는 물질이 탈 수 없나요?

영국의 화학자인 러더퍼드가 질소만 남은 상자에 활활 타는 성냥개비를 넣었더니 바로 꺼져 버렸죠. 즉, 질소만으로 이루어진 곳에서는 물질이 탈 수 없지요.

그럼 이산화탄소는 어떨까요? 이산화탄소 역시 숨을 쉬게 하거나 불이 붙게 하지 못하지만, 식물에 없어서는 안 될 기체랍니다. 게다가 철수 군이 좋아하는 탄산음료를 만드는 데에도 사용되죠.

이산화탄소 → 광합성 → 산소

그리고 마지막으로 일산화탄소는 아주 적은 양만 마셔도 바로 목숨을 잃는 무서운 기체로, 물질이 불완전 연소할 때 발생한답니다.

아, 일산화탄소가 그렇게 무서운 기체였군요.

# 공기보다 가벼운 기체

수소를 채운 풍선은 왜 뜰까요?
공기보다 가벼운 기체에는 어떤 것들이 있는지 알아봅시다.

# 5

다섯 번째 수업
공기보다 가벼운 기체

보일이 물이 가득 담긴
커다란 수조를 내려 놓으며
다섯 번째 수업을 시작했다.

보일은 물이 가득 담긴 그릇에 나무를 던졌다. 나무는 물 위에 둥둥

떠 있었다.

나무는 물에 뜨지요? 이것은 나무의 밀도가 물의 밀도보다 작기 때문입니다. 밀도는 물질의 질량을 부피로 나눈 양입니다. 즉, 같은 부피를 취했을 때 가벼운 물질이 밀도가 작은 물질이지요.

이렇게 밀도가 작은 물질은 밀도가 큰 물질 위에 뜨게 됩니다. 빙산이 물 위에 둥둥 떠 있는 것도 얼음의 밀도가 물의 밀도보다 작기 때문이지요.

보일은 물에 돌멩이를 놓았다. 돌멩이는 물속으로 가라앉았다.

돌멩이가 가라앉는 것은 돌멩이의 밀도가 물의 밀도보다 크기 때문입니다.

기체의 경우도 마찬가지랍니다. 공기는 주로 질소와 산소로 이루어져 있습니다. 그러므로 공기의 밀도와 같거나 그보다 큰 기체는 공기보다 위로 뜰 수 없습니다. 이것이 사람의 입으로 불어 만든 풍선이 위로 올라가지 않는 이유이지요. 풍선 속의 공기는 질소나 산소보다 무거운 이산화탄소로 이루어져 있으므로 밖의 공기보다 밀도가 크기 때문에 풍선이 위로 올라가지 않는 것이죠.

하지만 수소와 헬륨은 공기를 이루는 산소나 질소에 비해 밀도가 아주 작습니다. 물론 수소의 밀도가 헬륨의 밀도보다 작으니까 수소를 채운 애드벌룬이 더 잘 뜰 수 있지요.

하지만 수소는 폭발성이 강한 아주 위험한 기체입니다. 그러므로 수소를 채운 애드벌룬에 불이 붙기라도 하면 강한 폭발로 주위에 큰 피해를 입힐 수 있어요. 또한 새들이 부리로 수소 애드벌룬에 구멍을 내면 갑자기 수소가 공기 중으로 나가면서 산소와 만나 급격한 화학 반응을 일으켜 폭발할 수도 있습니다. 그래서 최근에는 위험한 수소보다는 공기 중으로 새어 나가도 안전한 헬륨 기체를 많이 사용하지요.

## 수소 이야기

수소는 누가 처음 발견했을까요? 1766년 영국의 캐번디시

(Henry Cavendish, 1731~1810)가 수소의 최초 발견자입니다. 그는 요즘으로 치면 1,000억 원이 넘는 돈을 가지고 있는 부자였습니다. 하지만 수줍음이 많은 캐번디시는 대부분의 삶을 거의 집에 틀어박혀 과학 실험을 하는 데 바쳤고, 사람들과 만나는 것을 싫어했습니다.

이제 캐번디시가 어떻게 수소를 발견했는지에 대해 알아보죠. 캐번디시는 유리 상자 속에 들어 있는 아연에 염산을 부었습니다. 이때 유리 상자에 생긴 기체가 바로 수소입니다.

캐번디시는 유리 상자에 성냥 불꽃을 집어넣었습니다. 그것은 수소가 보통의 공기와 어떻게 다른지를 알아보기 위해서였지요. 그때 커다란 폭발이 일어났습니다. 바로 이렇게 수소는 폭발성이 강하므로 아주 위험한 기체랍니다.

## 헬륨 이야기

헬륨은 다른 원소들과 잘 반응하지 않습니다. 이번에는 헬륨의 재미있는 성질에 대해 알아보죠.

보일은 헬륨이 가득 들어 있는 풍선의 입구를 열고 헬륨을 들이마셨다. 그러자 보일의 목소리가 어린학생 목소리처럼 이상하게 변했다.

목소리가 높아졌지요? 이런 현상을 흔히 도널드 덕 효과라고 부릅니다. 이 현상은 왜 일어날까요? 그 원인을 이해하기 위해서는 우선 목소리의 발생 과정을 이해해야 합니다.

목소리는 폐에서 나오는 공기가 목 아랫부분에 있는 성대 중앙을 통과한 다음 발성 통로를 지나 밖으로 나오면서 만들어집니다. 성대의 긴장으로 인해 공기의 압력이 변화되고 성대와 그 사이의 공기가 진동해서 다양한 소리가 나오는 거지요.

이때 소리의 진동수가 목소리의 높낮이를 결정하는데, 이런 과정을 통해 사람마다 각기 다른 목소리를 갖는 것입니다. 평균적인 성인의 목소리는 남자의 경우 130Hz, 여자의 경우 205Hz의 진동수를 갖고 있습니다.

왜 헬륨을 마시면 높은 목소리가 나올까요? 그것은 헬륨이 공기에 비해 가볍기 때문입니다. 공기보다 가벼운 헬륨을 지나가는 소리는 진동수가 커지게 되지요. 그래서 헬륨을 마시고 말을 하면 진동수가 큰 높은 목소리가 나오는 것입니다.

## 공기보다 무거운 기체

공기보다 무거운 기체는 많습니다. 이산화탄소의 경우도 공기보다는 무거운 기체이지요. 이산화탄소는 공기의 1.5배 정도 무겁습니다. 그래서 이산화탄소는 불을 끄는 데 사용됩니다.

물질이 탄다는 것은 공기 중의 산소와 화합하는 것을 말합니다. 타고 있는 물질에 이산화탄소 기체를 뿌려 주면 공기보다 무거운 이산화탄소가 아래로 가라앉아 산소를 막아 주지요. 그래서 불이 꺼지게 되는 것입니다.

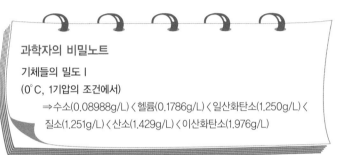

**과학자의 비밀노트**

**기체들의 밀도 l**

(0°C, 1기압의 조건에서)

⇒ 수소(0.08988g/L) 〈 헬륨(0.1786g/L) 〈 일산화탄소(1.250g/L) 〈 질소(1.251g/L) 〈 산소(1.429g/L) 〈 이산화탄소(1.976g/L)

선생님, 제가 분 풍선은 왜 저 풍선처럼 뜨질 않는 거죠? 더 많이 불어야 하나요?

하하, 더 분다고 뜨진 않아요. 왜냐하면 저 풍선엔 공기보다 가벼운 기체가 들어 있기 때문이죠. 물 위에 나무가 떠 있는 것과 같은 이치죠.

네? 물 위에 나무가 뜨는 것과 풍선이 떠 있는 것이 같은 이유란 말씀이신가요?

그래요. 나무가 물에 뜨는 것은 나무의 밀도가 물의 밀도보다 작기 때문이죠. 여기서 밀도란 물질의 질량을 부피로 나눈 양입니다.

나무의 밀도 < 물의 밀도

즉, 같은 부피일 때 더 가벼운 물질이 밀도가 작은 물질이지요. 이렇게 밀도가 작은 물질은 밀도가 큰 물질 위에 뜹니다. 빙산이 물 위에 둥둥 떠 있는 것도 얼음의 밀도가 물의 밀도보다 작기 때문이지요.

기체도 마찬가지예요. 공기보다 가벼운 기체는 공기보다 위로 올라갑니다. 그러므로 사람의 입으로 불어 만든 풍선은 풍선 속의 공기가 밖의 공기보다 밀도가 크기 때문에 풍선이 올라가지 않는 거죠.

아~, 그래서 제가 분 풍선은 뜨질 않는 거군요.

그래요. 수소와 헬륨은 공기를 이루는 산소나 질소에 비해 밀도가 아주 작습니다. 그래서 저 풍선처럼 헬륨을 넣은 풍선은 잘 뜨는 것이죠.

헬륨이요? 수소는 안 되나요?

수소

헬륨

질소

산소

수소가 헬륨보다 밀도가 작아 더 잘 뜰 수 있긴 해도, 수소는 폭발성이 강해서 급격한 화학 반응을 일으켜 폭발할 수 있습니다. 그래서 최근에는 위험한 수소보다는 안전한 헬륨 기체를 많이 사용하지요.

아~, 그래서 헬륨을 사용하는 거군요.

# 6

# 무서운 기체 이야기

어떤 기체들은 조금만 마셔도 목숨을 잃게 됩니다.
우리 몸에 해로운 기체들에 대해 알아봅시다.

# 6

여섯 번째 수업
## 무서운 기체 이야기

보일이 심각한 표정을 지으면서
여섯 번째 수업을 시작했다.

오늘은 우리 몸에 해로운 영향을 끼치는 기체들에 대한 이
야기를 하겠습니다.

## 오존

먼저 오존이라는 기체에 대해 알아보죠. 산소 기체는 산소
원자 2개로 이루어져 있지만, 오존은 산소 원자 3개로 이루
어져 있습니다.

　오존은 약간 푸른빛을 띠고 혀나 코를 자극하는 기체입니다. 오존은 햇빛이 강한 날 자동차에서 만들어지기도 합니다. 자동차의 배기가스가 햇빛을 받아 오존을 발생시키지요.

　오존은 적당한 양이 있으면 균을 죽이거나 나쁜 냄새를 없애 줍니다. 그러나 양이 많아지면 독한 냄새 때문에 사람들이 불쾌감을 느끼게 되고 기침, 두통, 피로감 또는 눈이 따가워지거나 숨이 막히는 증상을 일으키게 되지요. 또한 오랫동안 오존을 마시면 폐암에 걸릴 수도 있습니다.

　하지만 대부분의 오존은 지상으로부터 20~30km에 있는 오존층에 몰려 있습니다. 이 오존층은 태양에서 오는 강한 자외선을 흡수해서 우리가 자외선의 피해를 입지 않게 해 주지요.

**과학자의 비밀노트**

**오존층**

대기권 중 성층권에 분포되어 있는 구간으로 특히 지상으로부터 높이 약 20~30km에 오존이 밀집하여 분포하고 있다. 오존층에서는 태양의 자외선을 흡수하여 지상의 생명체를 보호하고 있다. 그런데 최근 프레온 가스(CFC)에 의한 오존층 파괴 문제가 국제적인 관심사로 떠오를 만큼 심각해지고 있다. 오존층이 파괴되면 지표에 도달하는 자외선의 양이 많아져 피부암 등을 일으키기도 한다.

## 플루오르

플루오르는 흔히 '불소'라고도 부릅니다. 16세기부터 그 존재가 알려졌지만 1886년에 무아상(Henri Moissan, 1852~

1907)이 플루오린화수소칼륨을 전기 분해하여 처음 발견했
지요.

플루오르는 반응 용기를 녹이기 때문에 플루오르에 녹지
않는 금속인 백금 상자에 보관하지요.

플루오르는 이가 썩는 것을 막아 주는 치약의 주성분이지
만, 플루오르가 너무 많이 포함되면 치아를 녹여 버려 치아
가 끔찍한 색으로 변할 수도 있답니다.

## 메탄

메탄은 탄소와 수소의 화합물로, 탄소 1개에 수소 4개가
붙어서 만들어집니다. 순수한 메탄은 냄새가 없지만 산업용

으로 사용할 때는 누출을 감지하기 쉽게 약간의 냄새를 섞습
니다. 메탄 기체는 불에 잘 붙지요. 메탄은 늪에서 많이 발생
하고, 방귀 속에도 있습니다. 메탄은 불에 잘 붙기 때문에 취
사용으로 사용되기도 합니다.

## 염소

　염소는 황록색을 띠는 무서운 기체입니다. 염소 기체는 조
금만 마셔도 사람이 목숨을 잃을 수 있어 독가스로 사용됩니
다. 제1차 세계 대전 때 무기로 사용되어 수많은 사람들이 염
소를 들이마신 후 피를 토하고 질식하여 죽었습니다.

일상생활에서도 염소가 발생할 수 있는 반응이 있습니다. 바로 락스와 산성 세정제입니다. 그러나 락스와 산성 세정제를 함께 사용하면 무시무시한 염소 기체가 발생하므로 이 두 제품을 함께 사용하는 것은 매우 위험합니다.

락스는 차아염소산나트륨의 수용액이고 산성 세정제 속에는 염산이 들어 있습니다. 그러므로 차아염소산나트륨과 염산이 반응하면 황록색의 염소가 쉽게 만들어집니다.

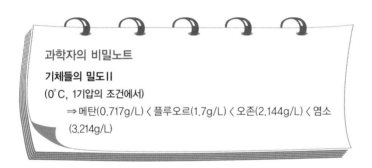

과학자의 비밀노트

**기체들의 밀도 II**
(0°C, 1기압의 조건에서)
⇒ 메탄(0.717g/L) 〈 플루오르(1.7g/L) 〈 오존(2.144g/L) 〈 염소 (3.214g/L)

오늘은 무서운 이야기를 해 볼까요?

무…무서운 이야기요? 하하, 좋아요. 저 그런 얘기 좋아해요.

그럼 먼저 무서운 기체 중 하나인 오존부터 이야기하죠. 산소 원자 3개로 이루어진 오존은 약간 푸른빛을 띠고 혀나 코를 자극하는 기체로, 햇빛이 강한 날 자동차의 배기가스가 햇빛을 받아 오존을 발생시키기도 하지요.

에이~, 뭐예요. 기체 얘기잖아요!

그래도 한번 들어 봐요. 오존은 대부분 성층권에 몰려 있어서 태양에서 오는 자외선을 흡수해 도움을 주지요. 그런데 양이 많아지면 기침, 두통 등을 일으키고, 오랫동안 마시면 폐암이 생기기도 해요.

폐…폐암이요?

또 다른 무서운 기체로는 플루오르가 있어요. 플루오르는 이가 썩는 것을 막아 주는 치약의 주성분이지만, 플루오르가 너무 많이 포함되면 치아를 녹여 끔찍한 색으로 변색시킨 답니다.

플루오르

읍!

또 메탄이라는 기체도 있어요. 메탄은 탄소와 수소의 화합물로 늪에서 많이 발생하고, 방귀 속에도 있지만 불에 잘 붙어서 폭발의 위험이 있는 기체랍니다.

맞아요, 방귀가 좀 무섭긴 하죠.

뿡

메탄

마지막으로 황록색을 띠는 염소가 있어요. 이 기체는 조금만 마셔도 목숨을 잃을 수 있어 제1차 세계 대전 때는 독가스로 사용되기도 했지요. 그리고 락스와 산성 세정제를 함께 사용할 때도 발생하므로, 이 두 제품을 함께 사용하는 것은 매우 위험하답니다.

듣고 보니 무서운 기체들이 참 많네요.

# 보일의 법칙

기체의 압력이 변하면 부피는 어떻게 될까요?
보일의 법칙에 대해 알아봅시다.

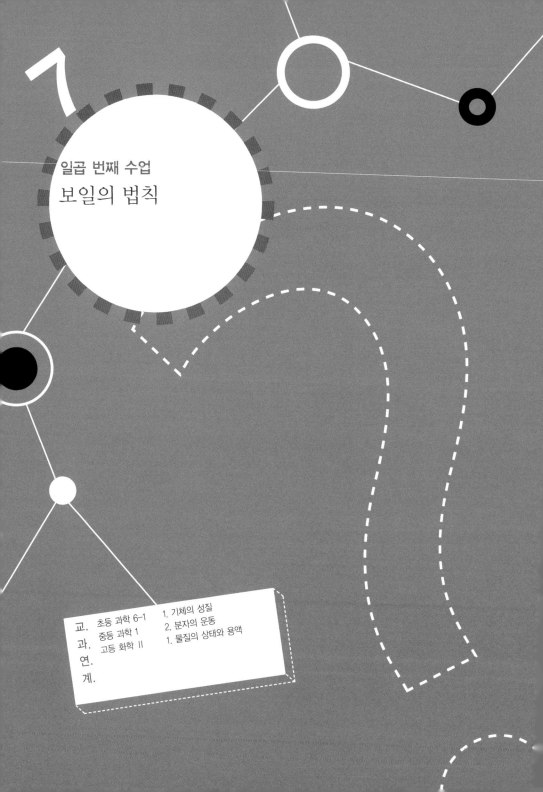

7

일곱 번째 수업
보일의 법칙

널빤지를 준비해 온
보일이 쑥스럽게 웃으며
일곱 번째 수업을 시작했다.


오늘은 내가 만든 보일의 법칙에 대해 알아보겠습니다.

우선 보일의 법칙은 기체의 압력과 부피 사이의 관계입니다. 보일의 법칙은 다음과 같지요.


일정한 온도에서 기체의 부피와 압력은 반비례한다.

압력×부피 = 일정한 값


왜 보일의 법칙이 성립할까요? 밀폐된 상자 속에 있는 기체 분자들은 끊임없이 벽과 충돌합니다. 이때 벽에 작용하는 힘을 벽의 넓이로 나눈 값이 압력입니다.

보일은 학생들에게 널빤지를 2개 들고 있게 하고 그 사이를 왔다 갔다 했다. 보일은 1초 동안 널빤지에 2번 충돌했다.

나를 기체 분자라고 생각해 봐요. 내가 널빤지에 부딪치면 널빤지에 기체의 압력이 전달되지요. 즉 1초 동안 나는 널빤지에 2번 충돌했습니다.

이제 널빤지 사이의 거리를 넓혀 보겠어요.

보일은 학생들에게 널빤지 2개 사이의 거리를 2배로 늘리게 했다. 보일은 1초 동안 널빤지에 1번 충돌했다.

이번에는 1초 동안 내가 널빤지에 1번 충돌했지요? 그러므로 같은 시간 동안 널빤지에 충돌한 횟수가 줄어들었습니다. 이렇게 부피가 늘어나면 기체 분자들이 벽에 작용하는 압력이 낮아지지요. 부피가 늘어나면 기체 분자들이 벽에 충돌하는 횟수가 줄어들기 때문에 압력이 낮아지는 거예요.

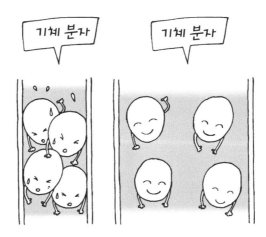

반대로 부피가 줄어들면 기체 분자들이 벽에 작용하는 압력이 증가합니다. 부피가 줄어들면 기체 분자들이 벽에 충돌하는 횟수가 늘어나기 때문에 압력이 늘어나는 거지요.

이렇게 온도가 일정할 때 밀폐된 상자 속의 기체 분자는 보일의 법칙을 따릅니다. 예를 들어, 기체의 부피가 2배로 되면 압력은 $\frac{1}{2}$배로 되지요.

기체의 압력이 낮아지면 부피가 증가합니다. 즉 팽창하게 되지요. 반대로 기체의 압력이 높아지면 부피는 줄어듭니다. 즉 수축하지요.

## 보일의 법칙 예

일상생활에서 보일의 법칙에 관련된 예를 들어봅시다.

보일은 풍선에 수소를 채워 하늘로 날려 보냈다.

풍선이 올라가는 것은 풍선 안에 있는 수소라는 기체가 공기보다 가볍기 때문입니다. 그럼 저 풍선은 영원히 높이 올라갈까요? 그렇지는 않습니다. 어느 정도 높이까지 올라가면

터지게 되지요.

그럼 풍선이 왜 터질까요? 풍선이 위로 올라갈수록 공기들이 희박해져 풍선을 누르는 압력이 작아집니다. 그러므로 보일의 법칙에 따라 풍선 속 수소 기체의 부피가 점점 커지지요. 이렇게 커지는 부피를 풍선이 감당하지 못해 터지게 됩니다.

또 다른 예를 봅시다.

보일은 학생들을 어항 쪽으로 데리고 갔다. 어항은 바닥에 공기를 뿜어 내는 장치가 있었다.

공기 방울이 위로 올라가지요? 공기 방울의 크기는 어떻게
변하나요?

＿점점 커집니다.

물속에서는 깊은 곳일수록 큰 압력을 받습니다. 그러니까
물속 깊은 곳에서는 압력이 높아 부피가 작았던 공기 방울이
위로 올라가면서 압력이 낮아지니까 부피가 커지게 되는 겁
니다. 이것도 보일의 법칙의 한 예이지요.

또 다른 예로 산에 오를 때 귀가 멍해지는 것을 들 수 있습니다. 고막은 귀 안과 귀 밖의 경계면입니다. 지상에서는 귀 안의 압력과 귀 밖의 압력이 같아요.

하지만 산 위로 올라가면 귀 안의 압력은 그대로이지만 귀 밖의 압력은 낮아지므로 고막이 밖으로 밀리게 됩니다. 이것은 귀 안의 공기가 팽창하기 때문이지요. 그래서 귀가 멍해지게 됩니다.

그 밖에도 보일의 법칙의 예는 많습니다. 우리가 욕조에 앉아 목욕을 하다가 방귀를 뀌면 공기 방울이 물 위로 올라오면서 점점 커지는 것을 볼 수 있습니다. 이것은 물의 아래쪽은 압력이 높아서 공기 방울의 부피가 작지만 위로 올라올수록 압력이 낮아져 공기 방울의 부피가 커지기 때문이지요.

자동차 타이어에 들어 있는 공기는 압력에 따라 부피가 달라지면서 차체가 받는 충격을 줄여 주는 역할을 합니다. 즉

바퀴가 높은 압력을 받으면 공기의 부피가 줄어들게 되고, 이 시간 동안 차체로 충격이 전달되지 않으므로 차체는 바닥으로부터 작은 충격만을 받게 되지요. 비슷한 예로 농구 선수들의 신발 밑창에는 공기가 들어 있어 점프한 후 내려올 때 발바닥이 받는 충격을 줄여 주는 역할을 합니다.

## 잠수병

콜라 속에는 이산화탄소 기체가 녹아 있습니다. 그리고 병 속의 압력은 아주 높은 상태입니다. 그런데 병을 열면 압력이 낮아지므로 콜라 속에 녹아 있던 이산화탄소가 빠져나오는 것입니다.

　비슷한 현상이 잠수부에게도 일어날 수 있습니다. 바다 속으로 깊이 들어가면 우리는 높은 압력을 받게 됩니다. 이때 다시 수면 위로 올라오면 압력이 낮아지면서 폐 속의 공기가 보일의 법칙에 의해 팽창하면서 생기는 병이 잠수병입니다.

　수심 30m에 있는 잠수부가 수심 3m 지점으로 올라오면 공기는 4배로 부피가 커집니다. 이것은 수심 30m 지점의 압력이 수심 3m 지점의 압력의 4배이기 때문이지요. 이 경우 잠수부가 숨을 내쉬는 것을 잊으면 폐가 폭발할 수도 있습니다.

　또 잠수부가 갑자기 압력이 낮은 곳으로 나오면 혈관 속에 녹아 있던 질소가 커다란 기포로 팽창하여 혈관을 막게 됩니다. 이로 인해 산소와 영양분의 공급이 중단되면서 신경 마

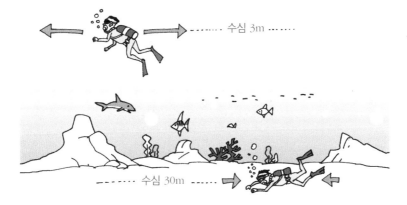

비나 언어 장애와 같은 무서운 병이 오거나 심하면 목숨을 잃

을 수도 있습니다.

새로 장만한 어항이에요.

우아, 물고기들이 정말 예뻐요.

그런데 이상해요. 기포가 위로 올라가면서 크기가 점점 커져요.

물이 깊을수록 큰 압력을 받아요. 그러니까 깊은 곳에서는 압력이 커서 부피가 작았던 기포가 위로 올라가면서 압력이 작아져 부피가 커지는 거지요.

이것이 바로 보일의 법칙이지요.

보일의 법칙이요? 선생님이 만든 법칙이군요.

보일러 아니고 보일!

보일의 법칙은 일정한 온도에서 기체의 부피와 압력은 반비례한다는 법칙이지요.

왜 보일의 법칙이 성립하는 거지요?

압력 × 부피 = 일정한 값

부피가 늘어나면 기체 분자들의 충돌 횟수가 줄어 압력이 작아지고, 부피가 줄어들면 기체 분자들의 충돌 횟수가 늘어 압력이 커지지요.

이렇게 온도가 일정할 때 밀폐된 용기 속의 기체 분자는 보일의 법칙을 따르지요. 예를 들어 기체의 부피가 2배로 팽창하면 압력은 $\frac{1}{2}$배로 작아지지요.

그럼 기체의 압력이 높아지면 부피는 수축해서 줄어들게 되겠군요.

부피가 2배로 팽창

압력은 $\frac{1}{2}$

# 8

# 샤를의 법칙

기체가 뜨거워지면 부피는 어떻게 변할까요?
샤를의 법칙에 대해 알아봅시다.

여덟 번째 수업

# 샤를의 법칙

보일이 바닥에 찌그러진
탁구공을 가져와서
여덟 번째 수업을 시작했다.

여러분은 아마 물질이 열을 받으면 팽창한다는 것을 배웠을 것입니다. 하지만 그때는 주로 고체나 액체 상태 물질의 팽창을 다루었지요.

오늘은 기체의 팽창에 대해 알아봅시다.

보일이 찌그러진 탁구공을 학생들에게 보여 주었다.

이제 이 탁구공을 원래의 모습이 되게 하겠어요.

보일은 탁구공을 뜨거운 물속에 넣었다. 그러고는 잠시 후 꺼내 보니 탁구공이 다시 동그랗게 되었다.

왜 탁구공이 원래의 모습으로 되돌아갔을까요? 탁구공 속에는 공기라는 기체가 들어 있지요. 이것을 따뜻한 물에 넣으면 탁구공 속의 공기가 열을 받습니다. 이 때문에 공기가 팽창하여 원래의 모습이 된답니다.

## 샤를의 법칙

기체의 팽창에 대한 공식을 처음 찾은 과학자는 프랑스의 샤를(Jacques Charles, 1746~1823)입니다. 샤를은 실험을 통해 일정한 압력 아래서 기체의 부피는 온도가 1℃ 올라갈 때 0℃ 때 부피의 $\frac{1}{273}$만큼 증가한다는 것을 알아냈습니다. 이것이 바로 샤를의 법칙입니다. 문자를 이용하여 이 법칙을 나타내 보죠.

V를 일정한 압력에서의 0℃ 때 기체의 부피라고 합시다.

1℃ 때의 부피는 얼마가 되나요?

$V+V\times\frac{1}{273}$이 됩니다.

2℃ 때의 부피는 얼마가 되나요?

$V+V\times\frac{2}{273}$가 됩니다.

3℃ 때의 부피는 얼마가 되나요?

$V+V\times\frac{3}{273}$이 됩니다.

이 식을 정리해 보면 다음과 같죠.

$$1℃ \text{ 때의 부피} = \left(1+\frac{1}{273}\right)\times V$$

$$2℃ \text{ 때의 부피} = \left(1+\frac{2}{273}\right)\times V$$

$$3℃ \text{ 때의 부피} = \left(1+\frac{3}{273}\right)\times V$$

그러므로 임의의 온도 T℃ 때의 부피는 다음과 같이 됩니다.

$$T\degree C \text{ 때의 부피} = (1 + \frac{T}{273}) \times V$$

이것이 바로 샤를의 법칙입니다. 온도가 0℃ 아래로 내려가면 T가 음수가 됩니다. 그때는 0℃ 때의 부피보다 작아지지요. 즉 기체가 수축하게 됩니다.

이 공식에서 우리는 「T = −273℃」가 되면, 그때의 부피는 「0」이 된다는 것을 알 수 있습니다. 부피가 0인 경우보다 작아질 수는 없으므로 이 온도가 바로 온도 중에서 가장 낮은 온도가 되지요.

**과학자의 비밀노트**

**샤를**(Jacques Alexandre César Charles, 1746~1823)
프랑스에서 태어난 과학자이자 발명가이다. 소르본 대학과 파리의 공예 학교 물리학 교수로 있었으며, 기체의 성질을 연구하여 1787년에 '샤를의 법칙'을 발견하였다. 이것은 후에 게이뤼삭에 의하여 확립되었기 때문에 '게이뤼삭의 법칙'이라고도 불린다. 1783년 10월에 수소를 가득 채운 기구를 날리는 데 성공하였고, 몽골피에 형제가 열기구를 이용하여 비행에 성공한 지 10일 후에는 직접 기구에 탑승하여 550m 상공까지 날아오르는 데 성공하였다.

## 열기구의 원리

샤를의 법칙의 대표적인 예가 바로 열기구입니다.

보일은 학생들과 함께 열기구를 만들었다. 그리고 버너로 공기를 뜨겁게 하자 열기구가 위로 올라갔다. 학생들은 처음 타 보는 열기구에 신난 표정이었다.

열기구는 왜 위로 올라갈까요? 버너로 공기를 가열하면 열기구 안의 공기가 따뜻해집니다. 그러므로 샤를의 법칙에 의해 공기의 부피가 커지지요. 부피가 커지면 밀도가 작아지므

로 주위의 공기에 비해 풍선 안의 공기는 가벼워집니다. 그러므로 열기구는 위로 올라가는 것이지요.

보일은 버너의 불을 껐다. 그러자 열기구는 아래로 내려왔다.

열기구가 내려오는 것도 샤를의 법칙 때문이지요. 버너를 끄면 풍선 안의 공기가 수축하지요. 그래서 밀도가 커지게 되어 무거운 공기가 된답니다. 그러므로 열기구는 아래로 내려오는 것입니다.

어떻게 하죠? 마지막 남은 탁구공이 찌그러져 버렸어요.

걱정하지 마세요. 탁구공을 뜨거운 물에 넣었다 꺼내면 원래의 모습으로 돌아와요.

어때요? 원래 모습이 되었지요?

정말이네요. 그런데 왜 탁구공이 원래의 모습으로 되돌아간 거예요?

뜨거운 물에 탁구공을 넣으면 탁구공 속의 공기가 열을 받아 팽창해서 원래의 모습이 되는 거예요.

그런 것을 어떻게 알게 된 거죠?

샤를이 실험을 통해 일정한 압력 아래서 기체의 부피는 1℃ 올라갈 때마다 0℃일 때 부피의 $\frac{1}{273}$씩 증가한다는 것을 알아냈지요.

샤를의 법칙=기체의 부피는 1℃ 올라갈 때마다 0℃일 때 부피의 $\frac{1}{273}$씩 증가

그게 바로 샤를의 법칙이군요?

네, V를 일정한 압력에서의 0℃일 때 기체의 부피라고 하면 다음과 같이 정리할 수 있지요.

1℃일 때의 부피 $= V + V \times \frac{1}{273}$

2℃일 때의 부피 $= V + V \times \frac{2}{273}$

T℃일 때의 부피 $= V + V \times \frac{T}{273}$

온도가 0℃ 아래로 내려가면 T가 음수가 되고 그때는 0℃일 때의 부피보다 작아지지요. 즉 기체가 수축하게 되는 거랍니다.

아~, 그렇군요.

# 열기구의 역사

공기를 채운 기구가 위로 뜨는 원리는 무엇일까요?
열기구와 비행선의 역사를 알아봅시다.

# 보일이 열기구의 그림을 보여 주면서
# 마지막 수업을 시작했다.

오늘은 열기구의 발명에 얽힌 이야기를 들려주겠어요.

몽골피에 가문의 두 형제인 조제프 몽골피에와 자크 몽골피에는 프랑스 론 강변의 작은 마을 아노네에서 커다란 제지 공장을 운영하고 있었습니다. 두 형제는 '물체가 날아올라 갈 수 없을까?' 하는 많은 고민을 하다가 커다란 종이 자루에 공기를 채우면 구름처럼 하늘에 둥실 떠다닐 수 있을 것이라고 생각했습니다.

1783년 6월 5일 몽골피에 형제는 이런 생각을 많은 사람들이 보는 앞에서 실험해 보기로 했습니다. 지름이 11.5m인 종

이 자루를 긴 기둥에 묶고 자루의 주둥이 밑에 밀짚과 땔나무
를 가득 쌓았습니다. 땔나무에 불을 붙이자 연기가 피어오르
더니 자루가 팽팽하게 부풀어 커다란 공이 되었습니다. 뜨거
워진 공기가 팽창했기 때문이지요.

이 공은 둥실둥실 하늘로 올라가 10분 만에 2,000m 높이까지 올라갔습니다. 하지만 공은 계속 올라가지 못하고 다시 추락하더니 포도밭에 떨어졌습니다.

그해 11월, 물리학자인 로지에와 다를랑드 후작 두 사람을 태운 대형 열기구가 불로뉴 숲 상공에 떠올라 날고자 했던 인류의 오랜 꿈을 최초로 실현시키는 데 성공했습니다. 기구는 500m 높이까지 올라갔으며 25분 동안 공중에 머물러 출발지로부터 9km를 날아갔습니다.

## 샤를의 수소 기구

이 소문을 들은 샤를은 자신도 기구를 만들어 보기로 결심했습니다. 그는 몽골피에 형제와는 달리 공기보다 가벼운 수소를 사용했습니다. 샤를은 지름이 4m인 커다란 공에 수소를 가득 채웠습니다.

그해 8월 23일 샤를은 많은 사람들이 보는 앞에서 수소 기구를 띄웠습니다. 기구는 2분도 채 안 되어 1,000m 높이까지 올라갔습니다. 샤를의 기구는 약 2시간 동안 43km를 날아갔습니다.

그날 해질 무렵에는 2차 비행을 시도하여, 샤를은 10분 동안 550m 높이로 올라갔으나, 샤를의 수소 기구 역시 끝없이 올라가지 못하고 40분 만에 추락했습니다.

## 비행선

　열기구를 띄우는 데 성공한 이후로 사람들을 많이 태워 운송할 수 있는 비행선에 대한 연구가 본격화되었습니다.

　1852년 프랑스의 지파르(Henri Giffard, 1825~1882)는 유선형 가스 기구에 3hp(마력)짜리 증기 엔진을 설치하고 프로펠러를 회전시켜 어느 정도 조종할 수 있는 비행선을 만드는 데 성공했습니다. 세계 최초의 동력 비행체가 탄생한 것입니다.

　1884년 러나드는 8.5hp의 전기 모터로 시속 23km로 날 수 있는 비행선을 만들었습니다. 그 후 가볍고 힘 좋은 가솔린 엔진의 개발과 제작 기술의 향상으로 여러 가지 모양의 성능 좋은 비행선이 만들어졌습니다.

1900년 독일의 체펠린(Ferdinand Zeppelin, 1838~1917)은 골격으로 알루미늄을 사용, 비행선의 대형화를 가져왔고 추진력도 아주 커졌습니다. 이 같은 기술을 바탕으로 체펠린은 1914년까지 100여 대가 넘는 비행선을 계속 제작하면서 성능을 향상시켰습니다.

이러한 과정에서 자신이 만든 비행선으로 사람이나 짐을 수송해 수익을 올릴 목적으로 1909년 세계 최초의 항공사인 도이치 비행선 주식 회사를 설립했습니다. 이 회사는 1910년 6월부터 제1차 세계 대전 발발로 운행이 중단된 1914년까지 4년 동안 7대의 비행선으로 매일 평균 1편 이상의 운항을 계속했지요.

그 후 점점 성능 좋은 비행선이 개발돼 제1차 세계 대전 당

시에는 전투에 참가하기도 했습니다. 비행선에서 폭탄을 직접 손으로 집어던지는 원시적 공습이었지만, 당시로서는 제2차 세계 대전의 B29 전투기만큼이나 엄청난 신무기였지요.

전쟁이 끝나자 다시 비행선은 관광과 운송 수단으로 이용되었습니다. 1936년 당시의 독일 힌덴부르크 호는 보잉 747 점보 여객기보다 큰 길이 245m, 몸체 지름이 41m나 되고 피아노와 오락실을 갖춘 호화 비행선이었습니다. 탑승 인원은 90여 명으로 대서양을 왕복하면서 하늘 여행을 즐겼습니다. 그러나 이같이 호화롭던 비행선도 1937년 5월 6일 정전기로 수소 가스가 폭발하는 바람에 승객 97명 중 36명이 사망하는 대형 항공 사고가 발생했습니다.

원래 힌덴부르크 호는 헬륨을 사용하도록 설계되어 폭발의

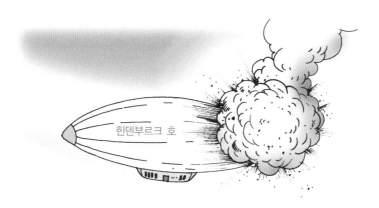

힌덴부르크 호

위험이 없었습니다. 하지만 유일한 헬륨 생산국인 미국이 독일에 헬륨을 팔지 않는 바람에 수소를 사용할 수밖에 없었지요. 이 비행선은 이런 안전 문제와 느린 속도 그리고 결정적으로 날개가 달린 비행기의 등장으로 화려했던 옛 모습을 감추고 사라지게 되었습니다.

오늘은 열기구의 발명에 얽힌 이야기를 들려줄게요.

재미있겠는데요.

1783년 6월 5일 몽골피에 형제가 지름이 11.5m인 종이 자루에 뜨거워진 공기를 채우자 둥실둥실 하늘로 올라가 10분 만에 2,000m 높이까지 올라가다가 추락했지요.

그해 11월에는 로지에와 다를랑드 두 사람을 태운 대형 열기구가 불로뉴 숲 상공에 떠올라 날고자 했던 인류의 오랜 꿈을 최초로 실현시켰지요.

사람이 하늘을 날게 된 거네요.

야호~!!

떴다!

기구는 500m 높이에서 25분간 머물렀고 9km를 날아갔어요. 이 소문을 들은 샤를은 다른 방식, 즉 공기보다 가벼운 수소를 사용해서 기구를 만들었지요.

기구가 점점 발전하네요.

기구에 공기보다 가벼운 수소를 넣어야 해.

샤를은 지름 4m의 커다란 공에 수소를 채우고 수소 기구를 띄웠지요. 기구는 2분도 안 되어 1,000m 높이까지 올라가서 약 2시간 동안 43km를 날아갔어요.

우아, 엄청난 발전인데요?

이후 비행선 연구가 본격화되어, 1852년 지파르가 엔진과 프로펠러가 달린 비행선을 만드는 데 성공해서 세계 최초의 동력 비행체가 탄생했답니다.

그것이 오늘날 날개가 달린 비행기로 발전하게 된 것이군요.

# 기체 박사
# 웰즈 아저씨

이 글은 저자가 창작한 과학 동화입니다.

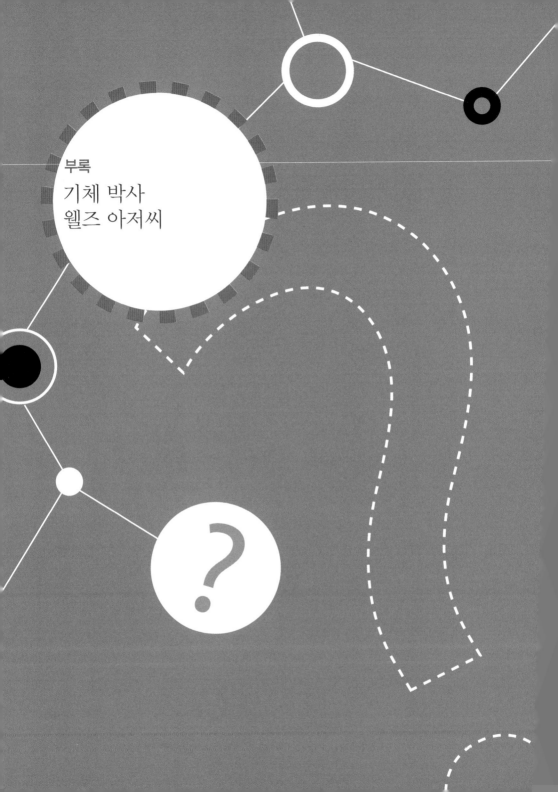

부록

기체 박사
웰즈 아저씨

# 가스 시티는
# 아주 조그만 시골 마을입니다.

이 마을에는 천연가스가 생산되어 마을 사람들은 겨울에 난방 걱정을 할 필요가 없습니다. 생산되는 천연가스로 난방을 하면 되니까요. 특히 천연가스로 난방을 하면 공해가 생기지 않아 마을의 공기가 오염되지 않지요.

마을 사람들이 사용하고 남은 천연가스는 다른 마을에 판매하지요. 이 수입은 마을 사람들이 함께 나누어 가집니다. 그래서 가스 시티 사람들은 다른 마을 사람들보다 생활이 윤택한 편입니다.

마을 사람들은 오랫동안 같이 살아왔기 때문에 사이가 좋

습니다. 하지만 최근에 아파트 단지가 들어서고 나서부터는
많은 사건들이 일어나고 있습니다. 그중 어떤 사건은 아주
위험하여 많은 사람들의 생명을 빼앗아 가기도 했습니다.

가스 시티에는 아주 위대한 화학자가 있습니다. 바로 웰즈
아저씨입니다. 웰즈 아저씨는 가스 시티의 천연가스를 처음
발견하고 이를 연료화시키는 방법을 알아낸 사람입니다. 마
을 사람들은 웰즈 아저씨를 매우 존경합니다. 그리고 모르는
것이 있으면 언제든지 웰즈 아저씨에게 달려가지요. 웰즈 아
저씨는 그때마다 맛있는 쿠키를 나누어 주면서 친절하게 설
명을 해 주십니다.

웰즈 아저씨가 없었어도 가스 시티는 지금처럼 잘살 수 있었을까요? 아마도 예전처럼 원시적으로 살고 있었겠지요.

어느 날 가스 시티에 대형 사고가 터졌습니다. 새로 개업한 로이드 씨의 빵 가게에 매달아 놓은 애드벌룬이 폭발하면서 주위의 건물이 불타는 사고가 벌어진 것입니다. 로이드 씨는 누군가 고의로 애드벌룬에 불을 붙인 것이라고 생각했습니다. 이 일이 있고 나서 마을 사람들끼리 서로를 의심하는 일이 벌어지게 되었습니다. 애로 보안관은 현장을 조사하던 중에 무언가를 발견하고는 소리쳤습니다.

"웰즈, 애드벌룬이 찢긴 흔적이 있어."

애로 보안관과 웰즈 아저씨는 어릴 때부터 아주 친한 친구

입니다. 그래서 웰즈 아저씨는 애로 보안관의 일을 자신의 일처럼 항상 도와주지요. 웰즈 아저씨는 찢긴 자국을 들여다 보았습니다. 그리고 주위에 딱따구리 한 마리가 불에 탄 채 죽어 있는 것을 발견했습니다. 웰즈 아저씨는 모든 사람들을 불러 모았습니다.

"여러분, 범인을 잡았습니다."

웰즈 아저씨의 말에 모두들 놀란 표정이었습니다.

"범인은 바로 이 딱따구리입니다. 하지만 범인이 죽었으니 이 사건은 여기서 끝내야겠군요."

웰즈 아저씨는 딱따구리를 손에 들고 소리쳤습니다.

"증거가 있나요?"

로이드 씨가 못 믿겠다는 표정으로 물었습니다.

　"애드벌룬에는 수소 기체가 채워져 있었습니다. 수소 기체는 공기보다 가벼워 애드벌룬을 위로 떠오르게 하지요. 하지만 수소 기체는 폭발성이 강한 아주 위험한 기체입니다. 이번 사건은 딱따구리가 날카로운 부리로 애드벌룬에 구멍을 뚫는 순간 수소 기체들이 공기 중으로 나오면서 산소와 화합하여 폭발을 일으킨 것이죠."

　웰즈 아저씨의 설명에 로이드 씨도 수긍하는 표정이었습니다. 그리고 그동안 마을 사람들을 의심했던 점에 대해 사과했습니다. 웰즈 아저씨는 로이드 씨에게 새로운 애드벌룬을 만들어 주었습니다.

　"애드벌룬은 이제 사용하지 않겠어요. 또 폭발할지 모르니까요."

로이드 씨가 정중하게 거절했습니다.

"이 애드벌룬에는 수소가 없어요."

웰즈 아저씨가 말했습니다.

"그런데 어떻게 위로 올라가지요?"

"애드벌룬은 공기보다 가벼운 기체만 채우면 위로 올라가지요. 이 애드벌룬에는 수소보다는 조금 무겁지만 공기보다는 훨씬 가벼운 헬륨 기체가 채워져 있어요. 헬륨은 안전하니까 폭발할 염려가 없어요."

"하지만……."

로이드 씨는 아직도 좀 찜찜해하는 표정을 지었습니다. 그러자 웰즈 아저씨는 애드벌룬을 내려 구멍을 열고 입으로 헬

륨을 들이마셨습니다.

"어때요? 안전하죠?"

웰즈 아저씨의 목소리가 어린학생 목소리처럼 변해 버렸습니다. 로이드 씨는 웃음을 참지 못했습니다. 이 사건 이후에 로이드 씨는 헬륨 기체를 자주 마시며 요상한 목소리를 선보이는 해프닝을 벌였답니다. 마을은 다시 불신이 사라지고 모두가 신의로 똘똘 뭉치게 되었어요. 집집마다 웃음꽃이 끊이지 않는 아주 화목한 마을이 되었습니다.

이 마을에는 루이라는 소년이 살고 있었습니다. 이 꼬마는 동네에 소문난 개구쟁이였지만 아주 영리하고 예의 바른 소년이었습니다.

"삐옹 삐옹."

그날도 루이는 자신이 가장 좋아하는 소방차를 굴리며 놀고 있었습니다.

"루이야, 이 세탁물 좀 저기에 넣어 줄래?"

루이의 엄마인 줄리 씨는 루이에게 손짓하며 말했어요. 엄마의 부탁에 루이는 세탁물 꾸러미를 들고 끙끙거리며 통로 속으로 밀어 넣다가 그만 자신이 가장 아끼는 장난감인 소방차도 함께 빠뜨리고 말았어요.

"아아!"

루이는 장난감을 잡으려다 몸이 통 속으로 빠지고 말았습
니다. 루이의 비명을 들은 줄리 씨는 급히 뛰어나와 봤지만
손쓸 방법이 없었어요. 일단 급한 마음에 구급대에 도움을
요청했어요. 소방대원이 달려오고 마을 주민들도 몰려왔습
니다. 루이가 빨래 꾸러미와 함께 빨래 통로의 중간에 끼인
상황이 된 것이지요.

"이 일을 어쩐담……."

루이에게 충격을 덜 주면서 안전하게 구출해 내는 방법을
생각해야 했습니다. 웰즈 아저씨가 무릎을 탁 치더니 사람들
을 향해 말했습니다.

"여러분, 모두들 집으로 돌아가셔서 베이킹파우더와 식초
를 가져와 주세요."

여러분! 베이킹파우더와 닉초를 가져와 주세요!!

웰즈 아저씨의 말을 들은 마을 사람들은 헐레벌떡 뛰어가 베이킹파우더와 식초를 가지고 왔습니다. 웰즈 아저씨는 빨래 통로에 베이킹파우더와 식초를 부은 후, 입구를 막았습니다. 그리고 맞은편 통로 역시 막았습니다. 잠시 후, 입구 반대쪽에서 세탁물과 함께 루이가 내려왔습니다.

"와, 재미있다. 나, 또 탈래."

웰즈 아저씨의 빠른 조치 때문에 루이는 겁먹지도 않고 안전하게 구출되었습니다.

"정말 다행이야, 루이. 아픈 데는 없지?"

루이의 안전을 확인한 줄리 씨는 웰즈 아저씨에게 몇 번이고 고개 숙여 고맙다고 인사를 했어요. 주위에 있던 마을 주민들이 어떻게 된 일인지 궁금해하면서 웰즈 아저씨에게 원

리를 물어보았어요.

"하하, 어려운 게 아니에요. 베이킹파우더와 식초가 반응하면 이산화탄소 기체가 나오게 됩니다. 이 기체들이 밀폐된 공간에 가득 차게 되면 기체의 압력이 높아져서 아이를 밀어내게 되는 것이지요."

마을 사람들은 모두 웰즈 아저씨를 존경스러운 눈빛으로 바라보았습니다.

다니엘과 헤나는 가스 시티에서도 소문난 잉꼬부부였어요. 그날은 첫 아기가 태어날 날이 다가와, 아기용품을 사러 시내에 다녀오는 길이었습니다.

"목마른 사슴이 우물을 파듯이……."

　지하철 안에서는 잡상인이 하나라도 더 팔려고 외치는 소리가 들려왔습니다.

　"아저씨, 여기도 하나 주세요."

　착한 다니엘 부부는 아저씨가 안타까워 물건을 하나 사게 되었어요. 둘은 집으로 향하는 지하철 안에서도 곧 태어날 아기를 위해 좋은 말을 아끼지 않았습니다. 바로 그때였지요. 희미하게 아주 희미하게 탄내가 나는 것을 후각이 예민한 헤나가 알아차렸습니다.

　"무슨 탄내 안 나요?"

　"당신도 참……, 그건 당신을 향해 내 마음이 불타는 냄새가 아니오?"

무슨 탄내 안 나요?

"장난하지 말고 잘 맡아 봐요."

삽시간에 지하철 저편에서 연기가 몰려왔어요.

"아악!"

이곳저곳에서 비명 소리가 났어요. 곧이어 비상벨이 울렸지만 누구 하나 양보할 사람은 보이지 않고, 서로 먼저 살겠다고 흥분해서 지하철은 북새통을 이루었어요.

"진정하세요. 모두들 제발 진정하세요."

소란스러운 틈을 타고 누군가 외쳤습니다.

"여러분, 진정하세요! 모두가 죽느냐 사느냐는 우리가 하기 나름입니다. 모두 제 말을 잘 들어 보세요."

목소리의 주인공은 다름 아닌 웰즈 아저씨였습니다. 웰즈 아저씨의 능력을 아는 모든 마을 사람들은 어둠 속에서 빛을

찾은 눈빛이었어요. 안은 약간 훌쩍이는 소리가 잠시 날 뿐 조용해졌습니다.

"제가 하는 말을 잘 들어야 모두가 살 수 있어요. 자, 제 말 잘 들리시죠? 여자 분들은 가방 속에 공기를 담아 잠그고, 남자 분들은 가방이 없으니 웃옷을 벗어서 최대한 공간을 만들어 보세요. 공기가 많이 탁해서 숨 쉬기가 곤란해지면 조금씩 공기를 마시기로 해요."

순식간에 지하철 안은 연기로 가득 찼고 사람들은 어느 순간 혼란 속에서 질서를 되찾고 있었습니다.

"으윽!"

산소가 부족해서 헤나가 쓰러지자 남편인 다니엘이 부축하여 공기를 나눠 마시게 해 주었어요. 드디어 한 명, 두 명 사람들이 출구로 빠져나왔어요.

"와, 웰즈 아저씨가 또 해냈다."

이번에도 웰즈 아저씨의 침착함으로 모두가 무사히 빠져나올 수 있었습니다. 인명 피해 없이 탑승자 전원이 구조된 최초의 사례로 TV에도 방송되면서 웰즈 아저씨는 크게 알려졌고, 특별 표창장까지 받게 되었습니다.

가스 시티에는 '네스 호'라는 호수가 있었습니다. 이 호수는 아름답기로 유명해 관광을 오는 사람들이 많았어요. 그래서 네스 호 주변에는 관광객을 위한 호텔들이 즐비했는데, 모두 많은 수입을 올릴 수 있었습니다.

어느 날, 네스 호에서 괴물이 나타난다는 소문이 돌기 시작했습니다. 많은 관광객이 문의를 해 오기 시작했지만 유언비

어에 불과하다고 안심을 시켰습니다. 하지만 정말로 괴물을 봤다는 사람이 하나 둘씩 생기면서 관광객이 줄어들기 시작하더니 이제는 아예 발길을 뚝 끊는 사태까지 발생하게 되었습니다. 관광객으로 먹고 사는 호텔 업주들은 울상이 되어 버렸어요. 이장님은 이 문제를 해결하기 위해 웰즈 아저씨에게 의뢰하였지만 아무런 문제점도 알아내지 못했습니다.

웰즈 아저씨는 결국 잠복근무를 하기로 결정했습니다. 물론 이장님과 함께요. 풀숲에 숨어 빵을 먹으면서 주위를 살피고 있을 때였습니다. 멀리서 희미한 불빛이 보였습니다. 두 사람은 숨을 죽이고 그 남자의 행동을 지켜보았습니다.

어른으로 보이는 그 남자는 공기 주입기를 사용하여 어딘가에서 호스를 찾아 바람을 집어넣고 있었습니다. 그러자 신

기하게도 괴물 얼굴의 모형이 호수 가운데서 떠오르기 시작하는 것이었습니다. 그 남자는 괴물 모형에 공기가 들어가면 괴물이 위로 떠오르고, 괴물 모형에서 공기를 빼면 무거워져 호수 바닥으로 가라앉는 방법을 사용한 것이지요.

웰즈 아저씨는 슬그머니 다가가서 그 남자를 붙잡았어요.

"아아악!"

비명을 질러 봤자 이미 모든 상황은 종료된 후였지요.

"아니, 넌 에릭이 아니니?"

웰즈 아저씨가 깜짝 놀란 건 그 범인이 가스 시티에서 친절하기로 소문난 청년 에릭이었기 때문이었지요.

"흐흐흑, 죄송해요. 전 그냥…… 화가 나서 홧김에……."

웰즈 아저씨는 에릭을 나무라지 않고 다독거리며 자초지종

을 들어보았어요. 사건인즉, 에릭이 일하던 호텔에서 누명을 쓰고 쫓겨나게 되자 순간 화가 난 에릭이 호텔 측에 복수를 하려고 꾸민 인형극이었던 것이지요.

"다시는 이런 일을 하지 않도록 하겠습니다. 죄송합니다."

다음 날, 웰즈 아저씨는 에릭을 데리고 호텔로 가서 에릭의 누명을 벗겨 주었습니다.

"에릭, 친절한 널 믿지 않고 오해만 해서 오히려 내가 미안하구나."

오해가 풀린 에릭은 다시 일자리를 되찾았고, 웰즈 아저씨는 전국적으로 유명해져서 눈코 뜰 새 없이 바빴지만 지혜롭게 일을 해결하며 행복한 나날을 보냈습니다.

# 근대 화학의 첫 단계를 구축한
## 보일Robert Boyle, 1627~1691

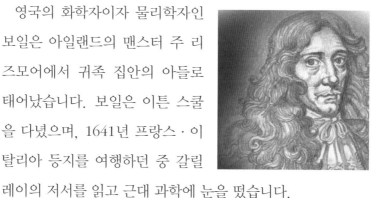

영국의 화학자이자 물리학자인 보일은 아일랜드의 맨스터 주 리즈모어에서 귀족 집안의 아들로 태어났습니다. 보일은 이튼 스쿨을 다녔으며, 1641년 프랑스·이탈리아 등지를 여행하던 중 갈릴레이의 저서를 읽고 근대 과학에 눈을 떴습니다.

어려서부터 독서를 매우 좋아했던 보일은 일생 동안 수많은 책을 읽었습니다. 심지어 의사가 보일에게 지나친 독서는 두뇌를 약하게 만들고 충혈을 일으킬 뿐만 아니라 폐를 손상시킬 수도 있다고 충고를 할 정도였다고 합니다.

1641년 갈릴레이의 책을 읽고 과학에 대한 관심을 갖기 시작한 보일은 1646년 '인비저블 칼리지'라는 모임에 참여하게 됩니다. 이 모임은 '자연 과학은 인간 생활에 유용하여야 한다'는 베이컨의 정신에 영향을 받은 모임이었습니다.

보일은 1647년에 자신의 돈으로 실험실을 만들어 의학과 화학의 실험을 시작하였습니다. 1657년에는 공기 펌프에 대한 책을 읽고 조수인 훅의 도움을 받아 더욱 향상된 공기 펌프를 만들기 위해 노력했습니다. 보일의 공기 펌프는 1659년에 만들어졌습니다. 보일은 이 기계를 이용하여 여러 가지 공기 실험을 하였고, 이렇게 얻은 실험 결과를 바탕으로 하여 〈공기의 탄력과 무게에 대하여〉라는 논문을 썼습니다. 그리고 이 논문을 통해 그 유명한 '보일의 법칙'을 발표하였습니다.

하지만 당시의 철학자 홉스는 쓸데없이 실험 데이터를 얻느라 시간 낭비를 했다며 비판하였습니다. 하지만 보일은 실험 자료를 매우 중요하게 생각하였고, 화학을 단지 의학이나 산업에 유용한 것이라고만 생각하지 않고 화학 자체만으로도 연구할 만한 가치가 있는 것으로 만들었습니다.

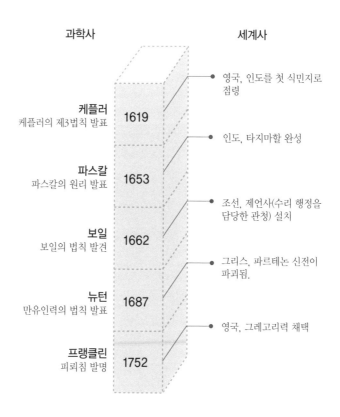

과학사

세계사

영국, 인도를 첫 식민지로
점령

**케플러**
케플러의 제3법칙 발표

**1619**

인도, 타지마할 완성

**파스칼**
파스칼의 원리 발표

**1653**

조선, 제언사(수리 행정을
담당한 관청) 설치

**보일**
보일의 법칙 발견

**1662**

그리스, 파르테논 신전이
파괴됨.

**뉴턴**
만유인력의 법칙 발표

**1687**

영국, 그레고리력 채택

**프랭클린**
피뢰침 발명

**1752**

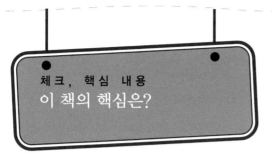
1. 아리스토텔레스는 기본 원소가 ☐ , ☐ , ☐☐ , ☐ 이라고 생각했습니다.

2. 물질은 더 이상 쪼갤 수 없는 가장 작은 알갱이인 ☐☐ 로 이루어져 있습니다.

3. 아보가드로는 1811년, 화학 반응은 원자들이 아닌 여러 개의 원자가 모인 ☐☐ 가 주인공이어야 한다고 주장했지요.

4. 물질이 탄다는 것은 물질이 공기 중의 ☐☐ 와 화합하는 것이죠.

5. ☐☐ 가 작은 물질은 ☐☐ 가 큰 물질 위에 뜨게 됩니다.

6. ☐☐ 기체는 불에 잘 붙는 성질이 있습니다.

7. 일정한 온도에서 기체의 부피와 ☐☐ 은 반비례합니다.

8. 열기구를 처음 발명한 사람은 ☐☐☐☐ 형제입니다.

1. 물, 불, 공기 2. 원자 3. 분자 4. 산소 5. 밀도, 밀도 6. 메탄 7. 압력 8. 몽골피에

# 친환경 에너지원으로
# 각광받는 수소 에너지

원소 중에서 가장 가벼운 수소는 상온에서 기체 상태의 물질입니다. 최근에 수소 기체는 미래의 친환경 에너지원으로 관심을 모으고 있습니다. 실제로 수소를 연료로 쓰는 자동차에서는 대기를 오염시키는 물질이 전혀 발생하지 않습니다.

수소를 산소와 결합시키면 물이 만들어지면서 많은 양의 에너지가 발생합니다. 수소 연료를 이용하면 같은 질량의 제트 연료의 2배 이상의 에너지를 얻을 수 있습니다.

하지만 수소를 에너지원으로 쓰는 데에는 아직도 넘어야할 산이 많습니다. 우선 연료로 사용할 수소를 생산하는 것이 무척 힘듭니다. 석탄이나 석유처럼 광산이나 유전이 있는 것이 아니기 때문입니다.

우주에는 수소 기체가 전체의 75%를 차지할 정도로 많지만 지구에서는 순수한 수소 기체가 별로 없습니다. 지구의 대부분의 수소는 산소와 탄소와 화학적으로 결합된 상태로 존재하지요. 그러므로 수소를 연료로 이용하려면 물이나 탄화수소에서 수소를 떼어내어야 하는데 이 과정이 그리 쉽지 않습니다.

물에서 수소를 떼어내는 것은 수소를 연료로 사용해서 얻게 되는 에너지보다 더 많은 에너지를 요구하지요. 또한 천연 가스 등에서 수소를 얻는 것도 그리 좋은 대안은 아닙니다. 왜냐하면 우리가 이용할 수 있는 천연 가스의 양도 점점 줄어들기 때문입니다. 하지만 수소 연료를 이용해 에너지를 해결하면 도시의 환경 오염 문제를 상당히 줄일 수 있습니다.

그러므로 과학자들은 값싸게 수소를 생산하는 방법을 궁리하고 있습니다. 그 방법으로 가장 각광받는 것이 원자력입니다. 원자력을 이용해 수소 기체를 만들고 이렇게 만들어진 수소 연료를 이용해 수소 자동차, 수소 버스, 수소 보일러, 수소 연료 이용 공장 등으로 도시를 만들면 오염이 없는 도시가 될 수 있겠지요.

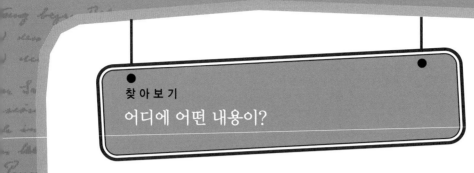

**찾아보기**

# 어디에 어떤 내용이?